RATGEBER NUTZTIERE

Helmut
Kühnemann

Ziegen

2. Auflage

54 Farbfotos
19 Zeichnungen

Inhalt

Nutztiere halten

Die Haltung von Ziegen diente seit jeher vorrangig dem Erwerb. Heutzutage steigt aber der Kreis derer, die Nutztiere mehr aus Freude an den Tieren und am ländlichen Leben halten und die darüber hinaus deren Produkte für den Eigenbedarf gerne verarbeiten.

Der Verbraucher betrachtet heute mit Recht immer skeptischer das Fleisch, das in seiner Pfanne brutzelt. Angesichts der Schreckensmeldungen über BSE, wachstumsfördernde Hormonspritzen und grausame Tiertransporte sieht sich mancher schon auf dem Wege zum Vegetarier. Ebenso wenn er nur daran denkt, wie das Tier als Geschöpf Gottes unter jämmerlichen Umständen zum Fleischprodukt verkommen ist.

Wo Schatten ist, scheint aber auch die Sonne. So haben wir es gerade den grassierenden Massentierhaltungen und der zunehmenden Intensivierung der Landwirtschaft zu verdanken, dass heute wieder verstärkt artgerechte Tierhaltungen gepflegt werden. Der Verbraucher will die Seuchen-, Stress- und Rückstandsprobleme, die die Güte des

Was ist vor der Anschaffung zu bedenken?

- ➔ Die Voraussetzungen für eine natur- und artgemäße Haltung;
- ➔ die Eigenart der Tiere, ihre Lebensart und ihre Bedürfnisse;
- ➔ die Ansprüche an Futter, Unterbringung und Pflege;
- ➔ das Nachdenken über mögliche finanzielle Belastungen;
- ➔ das Bewusstsein, nach der Anschaffung eine ständige Verantwortung und Verpflichtung gegenüber den Tieren zu haben.

Ziegen sind gesellschaftsfähig. Sie vertragen sich gut mit vielen anderen Tierarten.

Gibt's da drüben vielleicht eine noch bessere Weide?

Fleisches immer fragwürdiger werden lassen, nicht länger hinnehmen. Sein zunehmendes Qualitätsbewusstsein hat die Nachfrage nach hochwertigem Fleisch von Tieren, die vornehmlich in freier Natur gehalten werden, so gesteigert, dass sich für Landwirte und Nebenerwerbsbetriebe auch eine Kleintierhaltung mit Ziegen lohnt.

Der private Nutztierhalter hingegen träumt womöglich davon, ein Gehöft mit nahe liegender Weide erwerben zu können, in der Nähe seines Wohnortes in ein Landschaftspflege-Programm aufgenommen zu werden oder eine Weide mit Unterstandsmöglichkeit zu pachten, um als Aussteiger oder zum Ausgleich eines stressigen Berufsalltags mit Spaß und Hingabe Ziegen zu hegen.

Vor dem Kauf

Schauen Sie sich ein oder zwei unterschiedliche Haltungen an, bevor Sie sich für die eigene Ziegenhaltung entscheiden. Über den zuständigen Ziegenzuchtverband erhalten Sie Adressen von Musterbetrieben und erfahrenen Ziegenhaltern. Hier bekommen Sie auch Tipps und Hilfestellungen für den Kauf.

Interesse und Verantwortung

Für die Verwirklichung dieser Wünsche genügt aber nicht nur das Interesse an einer Nutztierhaltung und die Neigung, sich mit dieser Art Haustieren anzufreunden. Vielfältig sind die Gesichtspunkte, die mit dem Unternehmen Nutztierhaltung verbunden sind.

Nutztiere sind keine Kuscheltiere

Nutztiere unterscheiden sich von Heimtieren nicht nur dadurch, dass man beispielsweise mit einer Ziege nicht auf dem Sofa kuscheln kann wie mit Hund und Katze. Obwohl auch Ziegen sich gerne streicheln und kraulen lassen, ist eine Distanz immer zu spüren. Doch dieser Abstand vermag uns eher den angemessenen Respekt und die Achtung vor den Geschöpfen der Natur bewusst werden zu lassen. Daraus erwächst auch die Verantwortung, die wir für die in unsere Obhut genommenen Tiere zu tragen haben.

Naturverbundenheit. Tiere, die zu unserem (materiellen) Nutzen domestiziert wurden, sind immer noch durch ihre ursprüngliche Lebensweise geprägt. Da sie fast ihr ganzes Dasein auf der Weide zubringen, von der sie leben, sind sie weit mehr mit der Natur und ihren Zyklen verbunden als es Heimtiere je sein könnten. Das müssen wir respektieren und in einer art- und naturgerechten Haltungsweise berücksichtigen. Zugleich können wir es auch als Chance begreifen, durch das Zusammenleben mit den Tieren der Natur wieder näher zu kommen und uns mit ihr zu verbinden.

Hege und Pflege. Das Leben in freier Natur bedingt andere Haltungsweisen als die, die für den Familienhund und die Hauskatze richtig sind. Während wir diese mit relativ geringen Mitteln an Zeit und Kosten in unseren Haushalt integrieren, müssen wir für unsere Nutztiere außer Haus besondere Einrichtungen schaffen und wesentlich mehr Zeit für die Unterhaltung aufbringen.

Was ist alles einzuplanen?

- → Eine kostenintensivere Unterkunft,
- → eine zeitaufwendigere Unterhaltung,
- → zeitbedingte Verrichtungen wie Melken,
- → eine völlig andere, arbeitsintensive Fütterungsgrundlage.

Rechtliches

Auch die private Nutztierhaltung wird beschränkt durch verschiedene rechtliche Vorschriften. Sie müssen bei den Haltungsbedingungen unbedingt beachtet und eingehalten werden, denn schon manches Vorhaben konnte wegen fehlender rechtlicher Absicherung nicht realisiert werden.

Im Folgenden werden nur die Bestimmungen aufgelistet, die sich direkt auf die Nutztierhaltung beziehen. Sie betreffen vor allem das Bauwesen, aber auch den Schutz des Tieres und der Landschaft. Weitere Fragen zur genauen Rechtslage klären Sie am besten mit den jeweils nächsten zuständigen Behörden (in Klammern gesetzt) ab.

Baugesetzbuch und Baunutzungsverordnung (Ortsbauamt). Ein landwirtschaftliches Bauvorhaben ist „innerhalb der im Zusammenhang be-

Anfang April werden die letzten Wintervorräte an Heu von diesen Ziegen im Valle Onsernone (Tessin) gleich auf dem Kleintransporter in Empfang genommen.

bauten Ortsteile" zulässig, soweit es in einem ausgewiesenen „Dorfgebiet" liegt und das Ortsbild nicht beeinträchtigt. Oder falls es im „Außenbereich" (also außerhalb des Ortes) erstellt werden soll, soweit öffentliche Belange (z.B. Naturschutz und Landschaftsschutz) „nicht entgegenstehen", es die „natürliche Eigenschaft der Landschaft" nicht beeinträchtigt oder das Landschaftsbild nicht verunstaltet.

Landesbauordnungen und Nachbarrechte (Ortsbauamt) werden von den Ländern erlassen beziehungsweise festgesetzt. Einhellig bestimmen die Bauordnungen aller Länder, dass die Errichtung und der Abbruch baulicher Anlagen einer Baugenehmigung bedürfen. Unterschiedlich sind die Bestimmungen über verfahrensfreie Anlagen und Einrichtungen. Auf Ihrem zuständigen Bauamt erhalten Sie Rechtsauskünfte, die Ihr Vorhaben betreffen. Das Nachbarrecht von Baden-Württemberg schreibt vor, dass Anlagen wie Futtersilos, Düngerstätten, Jauchegruben und Ställe sich nur in solcher Entfernung von der Grundstücksgrenze befinden dürfen, dass sie den Nachbarn nicht stören oder schädigen. Beachten Sie, dass auch Ziegenweiden durch den Lärm grasender Tiere zu den störenden Anlagen zählen können.

Tierschutzgesetz (Kreistierarzt). Auszüge: „Zweck dieses Gesetzes ist es, aus der Verantwortung des Menschen für das Tier als Mitgeschöpf dessen Leben und Wohlbefinden zu schützen."... „Wer ein Tier hält, muss das Tier seiner Art und seinen Bedürfnissen entsprechend angemessen ernähren, pflegen und verhaltensgerecht unterbringen" und „darf die Möglichkeit des Tieres zu artgemäßer Bewegung nicht so einschränken, dass ihm Schmerzen oder vermeidbare Leiden oder Schäden zugefügt werden." Weiter heißt es: „Ein warmblütiges Tier darf nur geschlachtet werden, wenn es vor Beginn des Blutentzugs betäubt worden ist."

Bundesnaturschutzgesetz (Landratsamt: Untere Naturschutzbehörde) Nach diesem Gesetz sind Natur und Landschaft so zu schützen, zu pflegen, zu entwickeln und wiederherzustellen, dass die Pflanzen- und Tierwelt sowie die Vielfalt, Eigenart und Schönheit der Landschaft nachhaltig gesichert sind. Dieser Schutz umfasst die natürliche Artenvielfalt von Flora und Fauna sowie den Erhalt von Kulturlandschaften, Kulturlandschaftsteilen und Biotopen. Die Einhaltung und Umsetzung der Ziele des Gesetzes obliegen der Land- und Forstwirtschaft.

Eigenheiten und Bedürfnisse

Neben der Freude an hausgemachten Produkten, die womöglich Ihr Interesse an einer Ziegenhaltung zunächst geweckt haben, verdient es die Ziege aber auch, wegen ihrer reizvollen Wesensart geschätzt zu werden. Das Kennenlernen ihrer Verhaltensweisen und ihrer Bedürfnisse sowie das Einstimmen auf sie erleichtern den Umgang mit den Tieren. Die Rassenvielfalt mit ihren verschiedenen Eigenheiten erlaubt es Ihnen, jene auszuwählen, die Ihren Neigungen und Ansprüchen am besten entsprechen.

Gesellschaftstiere

Ziegen sind nicht gerne allein. Neben Artgenossen vertragen sie sich aber auch gut mit anderen Tieren. Schafe, Pferde, Hunde, aber auch schon ein Kaninchen eignen sich sehr gut als Gesellschafter.

Umgang mit dem Tier

Die Meinungen über Ziegen sind mannigfaltig. Viele mögen sie nicht, weil sie angeblich „zickig" sind und stinken. Wer sie aber näher kennen lernt, wird von ihrem liebenswürdigen Wesen überrascht sein. Von unseren Nutztieren hat sich die Ziege ihre Selbständigkeit noch am meisten bewahrt, das heißt frei und ungebunden zu leben wie in ihrer heimatlichen Gebirgswelt und ihre eigenwilligen Ansprüche durchzusetzen.

Wird nun das natürliche Freiheitsbedürfnis dieser Tiere ungemäß eingeschränkt, sie womöglich dauerhaft ohne Zuspruch in einem dumpfen Stall gehalten (wie es aber leider immer noch vorkommt), so kann sich die Ziege durchaus als launisch, eigensinnig und streitsüchtig erweisen. Kommt man jedoch ihrem Wesen, ihrer Eigenart und ihrem Bewegungsbedürfnis durch eine freizügige und natürliche Haltung entgegen, kann man seine helle Freude an den liebenswerten Tieren haben. Sie sind kapriziös und apart, agil und stets auf Entdeckungen aus (die besseres Futter versprechen), von munterer Natur, steter Aufmerksamkeit und wacher Neugier, launig und immer zu Kapriolen aufgelegt.

Rangkämpfe

Rangkämpfe zwischen Ziegen sehen häufig gefährlich aus. Die Tiere stoßen kräftig mit den Köpfen zusammen. Ihre harte Schädeldecke schützt sie dabei, hornlose Ziegen sind jedoch den behornten unterlegen. Dies sollten Sie bei der Zusammenstellung Ihrer Herde beachten.

Die Lebhaftigkeit der Ziegen erfordert vor allem auch eine sichere Weideumzäunung, da sie alle schwachen Stellen im Zaun gern zum Durchschlüpfen nutzen. Sorgen müssen Sie sich um etwaige Ausreißer nicht, da Ziegen in Gefahr äußerst wehrhaft sind. Sollte sich ihren Lämmern ein Hund in böser Absicht nähern, gehen sie sofort in Verteidigung über.

Durch eine gewissenhafte Pflege können Sie sie für den Verlust uneingeschränkter Freiheit entschädigen und dadurch möglichen „Unarten" vorbeugen. Ihre Fürsorge und Zuneigung tragen wesentlich zum Wohlbefinden der Tiere bei. Hierzu gehören das regelmäßige Striegeln des Felles, die tägliche Ansprache oder das Kraulen an Hals, Brust und Rücken. Dies mögen sie sehr gern und fordern gelegentlich sogar selbst durch sanftes Schieben mit dem Kopf dazu auf. Ziegen können sehr anhänglich werden.

Die Nutztierhaltung stellt einige Anforderungen an den Halter, die Sie vor der Anschaffung bedenken sollten:

- ➔ Wieviel Zeit und Mühe können und wollen Sie für die Tierhaltung aufbringen? Eine gewissenhafte Tierhaltung erfordert viel Zeit, Mühe und auch Geld. ❑
- ➔ Wie groß sind die zur Verfügung stehenden Weideflächen? Beachten Sie die Besatzstärke: Die Zahl der Tiere, einschließlich der Lämmer, muss in einem zuträglichen Verhältnis zur Weide und deren Qualität sowie zur Heubereitung stehen. ❑
- ➔ Steht Ihnen eine wetterfeste und geräumige Unterkunft zur Verfügung? Auch winterharte Rassen, vornehmlich deren Lämmer, müssen sich in einem wetterbeständigen Unterstand auf der Weide vor nasskalter Witterung schützen können. ❑
- ➔ Wollen Sie züchten? Wo steht der rassetypische Bock, und wie bringen Sie die Tiere zueinander, wenn die Standorte seltener Rassen weit auseinanderliegen? Gibt es die Möglichkeit zur Besamung? Ohne Bock beziehungsweise Samen gibt es weder Lämmer noch Milch. Aber auch wenn ein Bock zur eigenen Haltung gehört, können eines Tages Inzuchtprobleme auftreten. ❑
- ➔ Haben Sie eine zuverlässige und sachkundige Vertretung für Urlaub und Krankheitsfall? Nur gut versorgt können Sie Ihre Tiere über längere Zeit guten Gewissens verlassen. ❑
- ➔ Können Sie sich finanziell auf eine Liebhaberhaltung einrichten? Abgesehen von gelegentlichen Lammverkäufen (wenn die eigene Tiefkühltruhe voll ist) und eventuell Käse, gibt es nichts zu verdienen. Die Unkosten überwiegen also. ❑
- ➔ Was passiert später mit dem Tier? Können Sie den Abschied, das Schlachten Ihres liebgewordenen Tieres, das womöglich von der ganzen Familie verhätschelt wurde, verkraften? ❑
- ➔ Gibt es in Ihrer Nähe einen Metzger für die Hausschlachtung? Sie sollten Ihren Tieren den Stress eines längeren Transports zum nächsten Schlachthof und dessen traurige Verhältnisse ersparen. ❑

Rechte Seite: „Zickig" werden Ziegen eigentlich nur, wenn ihr natürliches Freiheitsbedürfnis eingeschränkt wird.

Welche Rasse ist die geeignetste?

Sind die Voraussetzungen für einen erfolgreichen Start gegeben, bleibt abschließend nur noch zu klären, welche Rasse sich für die vorgesehene Haltung am besten eignet. Beabsichtigen Sie, Ziegen als Nutztiere zu halten, die Milch für die Käsezubereitung, Fleisch oder Haare liefern, oder überwiegt bei Ihnen der Wunsch, besondere Rassen zu züchten und ihre Verbreitung zu fördern?

Milchziege (Milchtyp). Die Haltung von Rassen, die vornehmlich Milch mit entsprechenden Fettprozenten erzeugen, ist zeit- und pflegeaufwendig. Damit sich eine Käseherstellung lohnt, sollte die „Milchziege"

jährlich mindestens 600 kg Milch liefern. Hochgezüchtete Milchlieferanten wie die Weiße Deutsche Edelziege, die Bunte Deutsche Edelziege oder die Anglo-Nubische Ziege erzielen jährlich 900–1000 kg und Höchstleistungen von etwa 1800–2000 kg Milch über eine relativ lange Laktationszeit. Das schaffen sie aber nur, wenn sie auf satten Wiesen weiden, ausgewogenes Kraftfutter erhalten und nachts sowie den Winter über in einem soliden, geräumigen Stall untergebracht werden.

Fleischziege (Fleischtyp). Die Lämmer der verschiedensten Rassen sind gut für einen mehr oder weniger großen und schmackhaften Braten. Mit einem besonders guten Fleischansatz bei hoher täglicher Zunahme der Zicklein ist jedoch die aus Südafrika stammende Burenziege ausgestattet. Diese natürliche Gabe wurde durch Selektion stark gesteigert (Mindestleistung: 200 g je Tag innerhalb der ersten 150 Tage). Dem zarten, fettarmen und wohlschmeckenden Fleisch fehlt der typische Ziegenduft.

Vliesträger (Fasertyp). Obwohl einige Rassen (Walliser Schwarzhalsziege, Toggenburger Ziege) ein langhaariges Vlies haben, werden die Haare bei uns nicht verwertet. Das Vlies schafwollartiger Rassen besteht dagegen aus wollähnlichen Fasern, die sich durch eine hochgradige Feinheit auszeichnen. Angoraziegen liefern Mohair, ein glattes und glänzendes Haarvlies, das zweimal im Jahr geschoren wird. Von Kaschmirziegen wird nur das feine und weiche Unterhaar gewonnen, das von Hand ausgekämmt wird. Beide Rohstoffe werden für die Herstellung hochwertiger Strickwaren und Textilien verwendet, die sich besonders durch ein gutes Wärmehaltungsvermögen und Leichtigkeit auszeichnen.

Landschaftspfleger („Power-Typ"). Seit jeher ist die Herdenhaltung mit geeigneten Schafrassen in Heiden, Mooren und Wacholdertriften gleichzeitig auch eine Pflege der Landschaft, die eine Verwilderung mit unerwünschten Planzenarten verhindert. Mit zunehmender „Verstrüppung" der Wälder, vor allem durch die wuchernde Brombeere, wird auch die früher übliche Waldweide wieder aktuell, für die sich Ziegen vorzüglich eignen. Ihre Vorliebe für Baum- und Buschvegetation ist ebenso bekannt wie ihr selektives Fressverhalten. Haben sie doch so manche Insel als zurückgebliebene Schiffbrüchige kahl gefressen.

Neben der Auflichtung von Gehölzen können sie auch pflegerische Aufgaben in vergrasten und verstrauchten Biotopen erfüllen, was besonders für den Halter von kleinen Einheiten interessant ist, der über wenig oder gar keine eigene Weidemöglichkeit verfügt. Auf kommunaler Ebene werden für den Einsatz von geeigneten Ziegen Landschaftspflegeprogramme aufgestellt, die die Interessen von Naturschutz, Landschaftsschutz, Landwirtschaft, Forst und Grundstücksbesitzern verknüpfen.

Individualisten (Rassetyp). Die reizvolle Rassenvielfalt der Ziegen bietet jedem, der sich der Zucht spezieller Rassen widmen möchte, ein reiches Betätigungsfeld von der Haltung interessanter Spezies (zum Beispiel der Ovambo Ziege), besonders anspruchsloser und pflegeleichter Arten (beispielsweise Gebirgsziegen wie die Walliser Schwarzhalsziege und die Rove) bis hin zur Erhaltung seltener oder gefährdeter Rassen (Tauernschecke, Pfauenziege oder auch Pinzgauer Ziege).

Bevor man sich für eine Rasse entscheidet, muss man sich über die eigenen Absichten klar sein.

Übersicht über die Rassen und ihre Verwendung

Rasse	MZ	FZ	VT	LP	IN	GR	asaisonal	Porträt s. Seite
Anglo-Nubische Ziege								14
Angoraziege								14
Bündner Strahlenziege								15
Bunte Deutsche Edelziege								15
Bunte Holländische Ziege								20
Burenziege								20
Kaschmirziege								21
Ovambo Ziege								21
Pfauenziege								42
Pinzgauer Ziege								42
Poitevine								43
Rove								43
Saanenziege								60
Tauernschecke								60
Thüringerwald Ziege								61
Toggenburger Ziege								61
Walliser Schwarzhalsziege								74
Weiße Deutsche Edelziege								75
Westafrikanische Zwergziege								75

MZ = Milchziege VT = Vliesträger IN = Individualisten
FZ = Fleischziege LP = Landschaftspfleger GR = Gefährdete Rasse

Anglo-Nubische Ziege

Die große und kräftige Ziege hat einen kurzen Kopf mit stark geramstem Nasenrücken. Die tief angesetzten Hängeohren reichen über das Maul hinunter. Das dünnhaarige, seidigglänzende Fell kommt schwarz, grau, braun, gelblich oder weiß sowie in vielfältigen Zusammenstellungen vor. Die Tiere tragen zumeist keine Hörner.

Die Milchleistung beträgt im Jahr durchschnittlich 1000 Liter, mit Spitzen bis nahezu 2000 Liter 5 % fettreicher Milch. Außerdem ist das Fleisch sehr wohlschmeckend.

Die ertragreiche Ziege stammt von Rassen ab, die in Ägypten und Indien beheimatet sind. Die ersten Tiere, die in der zweiten Hälfte des 19. Jahrhunderts nach England kamen, wurden zunächst mit Ziegen aus der Schweiz, später wieder mit den ursprünglichen Rassen auf Verdrängung gekreuzt.

	♂	♀
Widerristhöhe (cm)	85–90	75–80
Gewicht (kg)	90–100	70–80

Angoraziege

Die weiße Angoraziege hat ein langes, seidiges, lockig herabhängendes Haarkleid. Der Kopf mit leicht eingedellter Nasenlinie trägt lange Hängeohren und Hörner, die beim Bock korkenzieherartig gedreht sind und nach hinten und außen schwingen.

Die Angoraziege wird vor allem zur Gewinnung von Fasern, die zu Mohair verarbeitet werden, gehalten. Als Fleisch- oder Milchlieferant ist sie weniger geeignet. Weitere Schwachpunkte sind: kälteempfindlich, mäßig fruchtbar (es lammen nur wenig mehr als 80 % der Geißen), spätreif mit schlechten Muttereigenschaften.

Ursprünglich wurde die Rasse in der Provinz Ankara (= Angora) auf der Anatolischen Hochebene gezüchtet. Der erste größere Export aus der Türkei erfolgte 1838 nach Südafrika, dann in die USA und später auch in andere Länder mit entsprechenden klimatischen Voraussetzungen.

	♂	♀
Widerristhöhe (cm)	60	50
Gewicht (kg)	45–55	30–40

Bündner Strahlenziege

Die „Strahlen", das sind die auffallend hellen Streifen von der Hornbasis bis zum Maul, gaben der anthrazitfarbenen bis schwarzen Ziege den Namen. Weitere helle Körperteile sind Ohren, Maul, Umgebung des Afters, Rückseite der Oberschenkel und „Stiefel". Beide Geschlechter tragen Hörner.

Die widerstandsfähige Rasse mit guter Marschfähigkeit ist hervorragend für die Landschaftspflege geeignet. Ihre Milchleistung ist mit 460 Litern im Jahr nur gering.

Ursprünglich zählte die Bündner Strahlenziege zu den „Schweizerischen Gebirgsziegen", die zumeist in Herden die Weiden des Hochgebirges nutzten. Sie bildete die typische Hochgebirgsform des Kantons Graubünden. Erst um 1960 trat sie als selbständige Rasse hervor. Ihre Zahl nimmt leider ständig ab, so dass sie heute zu den gefährdeten Rassen zählt.

	♂	♀
Widerristhöhe (cm)	75–85	70–75
Gewicht (kg)	65	45–50

Bunte Deutsche Edelziege

Die „Bunten" sind kurz- und glatthaarig, meistens hornlos und kommen in drei Farbvarianten vor:
1. dunkelbraun mit schwarzem Aalstrich, Unterbauch und „Stiefel";
2. mittelbraun mit Aalstrich, Unterbauch hellbraun, „Stiefel" dunkelbraun geschient, heller Streifen von der Hornbasis bis zum Maulwinkel;
3. hellbraun mit ockerfarbenem Unterbauch und „Stiefel", heller Streifen von oberhalb der Augen bis zum Maulwinkel.

Sie liefert im Jahresmittel 900 Liter Milch mit 3,7 % Fett, zum Teil sind Spitzenleistungen von 1800 Liter pro Jahr möglich. Die Ablammquote beträgt 200 %.

1928 wurden alle farbigen Ziegenschläge unter der Einheitsbezeichnung „BDE" zusammengefasst, um eine größere Zuchtbasis zu erhalten. Heute ist sie in Deutschland mit etwa 67 % die häufigste Ziegenrasse.

	♂	♀
Widerristhöhe (cm)	75–85	65–75
Gewicht (kg)	60–80	50–65

Unterbringung

Die weitverbreitetste Haltungsform für Ziegen, die dem Bedürfnis der Tiere nach artgemäßer Bewegung am nächsten kommt, ist die kombinierte Weide-Stall-Haltung. Der Weidegang ist die natürliche Art der Nahrungsaufnahme für die zu den Wiederkäuern gehörenden Ziegen.

Reine Stallhaltungen, wie sie früher ganzjährig gang und gäbe waren, gibt es aber leider immer noch, obwohl die Ziege heute nicht mehr die „Kuh des kleinen Mannes" ist. Es sind zumeist große Haltungen, die gewerblich Milchprodukte vertreiben, oder kleine Haltungen, deren einst vor der Stalltür gelegene Wiese im Zuge der Dorferweiterung überbaut wurde.

Mit wachsendem Interesse an Rassezüchtungen gewinnt heute die Weidehaltung an Bedeutung, die je nach der Widerstandsfähigkeit der Rasse nur mit einem wetterfesten Unterstand auskommt oder ein Stallgebäude lediglich für den Winter braucht.

Was ist für die Qualität der Weide wichtig und was ist vor ihrer Nutzung alles zu beachten?

- ➔ Die Beschaffenheit,
- ➔ die Anzahl der Tiere,
- ➔ die Pflegemaßnahmen,
- ➔ die Nährstoffversorgung,
- ➔ verschiedene Weideführungen,
- ➔ die Einrichtungen für die Koppel.

Weidehaltung

Gute Weideverhältnisse sind die unabdingbaren Voraussetzungen für eine artgemäße und gesunde Haltung. Der tägliche Weidegang, bei dem ausgewählte Pflanzen auf natürliche Weise je nach Verlangen und Sättigungsgrad aufgenommen werden, kommt dem gesamten Stoffwechsel zugute, unterstützt die Verdauungsbewegungen, gewährleistet ein unbeschwertes Ablammen. Erst unter Einwirkung ultravioletten Lichtes wird das Vitam D_3 gebildet, das über den Calcium- und Phosphor-Stoffwechsel die Muskel- und Knochenbildung reguliert. Ein Mangel an diesem wichtigen Vitamin kann bei aufwachsenden Tieren zu Rachitis und bei erwachsenen Ziegen zur Knochenweiche führen.

Weidezustand

Die Ziege kann auch noch minderes Futter hervorragend verwerten. Wenn jedoch nicht gleichzeitig mit den begrenzt aufnehmbaren Futtermengen (bis 10 kg Gras je Tier und Tag) auch der Nährstoffbedarf ge-

deckt werden kann, bleiben die Leistungen weit hinter den Erwartungen zurück. Vor allem, wenn es sich um die auf hohe Milchleistungen getrimmten Weißen Deutschen Edelziegen und die auf einen hohen Fleischertrag gezüchteten Burenziegen handelt. Wer auf einen bestimmten Ertrag besonderen Wert legt, muss seine Tiere auf einer fruchtbaren Weide mit einer reichen Kräuterauswahl grasen lassen.

Wem aber nur eine karge Wiese auf magerem Boden zur Verfügung steht, der braucht natürlich deshalb nicht gleich den Gedanken an eine Tierhaltung aufzugeben. Es gibt einige genügsame und robuste Rassen,

Eine stattliche Rove erfreut sich mit ihren Artgenossen einer gut beschickten Freilandraufe. Sie ist durch die Überdachung gegen Regen gesichert, spendet aber an heißen Tagen auch Schatten.

Die Fläche, die ein Tier braucht, um seinen Grundnahrungsbedarf rund um das Jahr decken zu können, hängt ab von

- ➔ der Fruchtbarkeit des Bodens und der Pflegeintensität,
- ➔ dem Klima und der Vegetationsdauer,
- ➔ dem Artenreichtum und der Qualität der Nahrungspflanzen,
- ➔ der Art der Beweidung und dem Nahrungsbedarf der Tiere.

Darüber hinaus muss die Fläche berücksichtigt werden, die zur Heugewinnung benötigt wird.

die auch bei dürftiger Weide - wenn sie nur groß genug ist - noch einigermaßen befriedigende Leistungen erbringen. Sie sind wegen ihres interessanten Habitus und der pflegeleichteren und anspruchsloseren Haltung ohnehin geeigneter für eine Liebhaberhaltung.

Besatzstärke. Auf fetten Wiesen können verhältnismäßig mehr Tiere satt werden als auf kargen Weiden mit spärlichem Aufwuchs oder mit kurzer Vegetationszeit in höheren Lagen. Die Besatzstärke, das heißt die Zahl der Muttertiere, die jeweils mit ihren Lämmern auf einem Hektar Weidefläche - einschließlich der Heugewinnung - gehalten werden können, ist also je nach Futteraufkommen verschieden.

Eine Weide mittlerer Qualität ernährt je Hektar etwa sieben Ziegen. Die kleinste Weidefläche müßte also (gut gerechnet) 3000 m^2 = 30 ar = 0,3 ha groß sein, wenn mindestens zwei Tiere gehalten werden. Bei kleiner Besatzstärke auf schlechten Weiden muss die Mindestfläche entsprechend größer sein. Zeigt es sich mit zunehmender Erfahrung, dass der Weideertrag falsch eingeschätzt wurde, muss die Besatzstärke entsprechend geändert werden.

Weidepflege

Um die Weiden über Jahre ertragreich und fruchtbar zu erhalten, bedarf es intensiver Pflege und angemessener Düngung. Ein guter Weidezustand kann sowohl durch die Nutzung der Tiere, durch sinnvolle Weideführungen, die eine Unter- oder Überbeweidung vermeiden, durch notwendig werdende Kulturmaßnahmen als auch durch eine ausreichende Versorgung mit organischen Düngern, vorrangig durch Kompost, erreicht werden.

„Trippelwalze". Im März, wenn das Gras zu sprießen beginnt und die ersten sonnigen Vorfrühlingstage zu einem Weidegang ermuntern, werden bereits erste Pflegemaßnahmen vorgenommen. Durch den kleinhufigen, kantigen Tritt der Tiere wird der aufgefrorene Boden besser gefestigt als durch die Bearbeitung mit der üblichen Walze. Mauselöcher und Wühlmausgänge werden zugetreten. Durch den Verbiss der ersten frischen Triebe frühschossender Pflanzenarten wird ein späterer dichter Bestand mit hohem Untergrasanteil gefördert.

Allerdings sollte diese Frühjahrs-Vorbeweidung mit Bedacht geschehen. Sie darf nicht zu lange dauern und muss unterbleiben, wenn der

Boden noch zu nass ist. Am besten lassen Sie die Tiere zunächst nur stundenweise in angemessenen Zeitabständen grasen.

Sonniger Vorfrühling: Wenn im März das Gras zu sprießen beginnt, genießen die noch im vollen Haarkleid stehenden Kaschmirziegen den ersten Weidegang.

Kulturmaßnahmen. Um den minderwertigen Zustand einer Weide zu beheben, können Sie zunächst versuchen, entsprechende Futterpflanzen-Mischungen in die aufgerissene Narbe einzusäen. Mangelt es allerdings weitestgehend an einem ergiebigen Pflanzenbestand, breitet sich zum Beispiel die Rasenschmiele stark aus, ist ein arbeitsaufwendiger Umbruch nicht mehr zu umgehen. Für Neueinsaaten sollten Sie sich von einschlägigen Samenhandlungen für die jeweilige Lage und die gegebenen Bodenverhältnisse geeignete Weidepflanzen in der für die Fläche erforderlichen Menge zusammenstellen lassen. Auch spezielle Kräutermischungen sind erhältlich.

Vor der Beweidung muss sich der neue Aufwuchs erst festigen. Sollten Sie vorher mit der Tierhaltung beginnen wollen, können Sie auch mit Teilflächen im Jahreswechsel schrittweise vorgehen. Auf angemessenen Teilflächen können Sie auch Klee und Luzerne anbauen, um Raufutter minderer Qualität mit eiweißhaltiger Kost aufzuwerten. Auf leichten Böden gedeiht Serradella, eine vorzügliche Futterpflanze mit hohem Nährstoffgehalt, die wegen ihrer Schmackhaftigkeit besonders gerne gefressen wird. Bei reichlichem Genuss verursacht sie ein weniger starkes Aufblähen als andere Kleearten. Außerdem kann sie in milden Wintern als frisches Grün verfüttert werden, da sie bis zu –8 °C Frost verträgt.

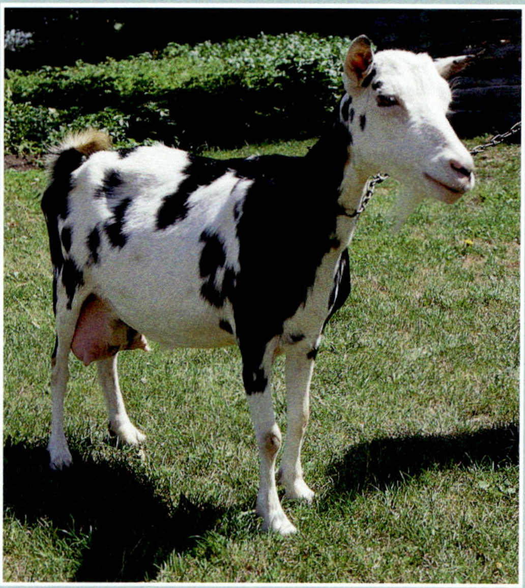

Bunte Holländische Ziege

Die so genannte „Holländer" oder auch „Holländer Schecke" ist mittelgroß, kurzhaarig und hauptsächlich an Kopf und Hals schwarz-, grau- oder braun-gescheckt. Die langbeinigen Tiere sind in der Mehrzahl behornt, es kommen aber auch hornlose vor.

Ihre Milchleistung beträgt etwa 900 Liter im Jahr. Die weitgehend anspruchslose Ziege ist widerstandsfähig und fruchtbar.

Die Rasse entstand um die Jahrhundertwende durch Einkreuzung von Saanenziegen und Schweizer Toggenburgern sowie der Weißen Deutschen Edelziege in Holländische Landziegen. Seit 1980 sind die „Holländer" dank der Bemühungen der niederländischen Stiftung für seltene Haustierrassen als Herdbuchzucht registriert.

	♂	♀
Widerristhöhe (cm)	80–85	70–75
Gewicht (kg)	70	50–60

Burenziege

Die „Boer Bok" ist groß und schwer. Sie ist kurzhaarig und weiß mit rotem Kopf, möglichen roten Flecken an Hals, Brust und Bauch sowie langen und breiten Hängeohren. Der kräftige, ramsnasige Kopf trägt leicht nach hinten geschwungene Hörner.

Buren sind robust, haben ein gutes Marschvermögen, eine große Anpassungsfähigkeit an karge Futterverhältnisse, einen guten Fleischansatz bei fettarmem, zartem Fleisch mit einem Ausschlachtungsgrad von über 50 % sowie eine hohe Fruchtbarkeit und sehr gute Muttereigenschaften.

Die Burenziege ist in Südafrika beheimatet und stammt von der einheimischen Hottentottenziege ab. Seit Beginn des 20. Jahrhunderts wird sie auf Fleischleistung gezüchtet. Neben der Vermehrung weniger Tiere in Reinzucht wird sie seit 1979 hauptsächlich durch Verdrängungskreuzungen mit der Bunten Deutschen Edelziege aufgebaut. Die anspruchslosen Ziegen sind bestens für die Landschaftspflege geeignet.

	♂	♀
Widerristhöhe (cm)	85–90	65–80
Gewicht (kg)	80–90	50–70

▲

Kaschmirziege

Die mittelgroße, langhaarige Rasse, die in ihrem Ursprungsgebiet in den Farben Schwarz, Grau, Braun und Weiß vorkommt, wird in Europa als weiße Art gezüchtet. Sie ist gehörnt und hat Schlappohren.

Die robusten, anspruchslosen Tiere sind großartige Landschaftspfleger, die vor allem in Waldgebieten imponierende Leistungen vollbringen. Der Aufwand des Auskämmens des superfeinen Unterhaares lohnt sich nur bei größeren Herden.

Die Kaschmirziege gehört zu einer Rassengruppe von etwa 20 Schlägen, die im Hochgebirge Zentralasiens (China, Mongolei, südliches Russland, Iran) beheimatet sind. Alle haben die feine, lange Faser, derentwillen in Australien und Neuseeland große Farmen zur Fasergewinnung entstanden. Seit den 80er Jahren werden Kaschmirziegen auch in Island und Schottland gezüchtet. In Deutschland wird diese Rasse nur äußerst selten gehalten.

	♂	♀
Widerristhöhe (cm)	65	60
Gewicht (kg)	45–55	30–40

Ovambo Ziege

Die Ovambo Ziege hat einen langen Rahmen. Das mittellange Haarkleid ist weiß, grau, schwarz oder rot beziehungsweise rot-weiß oder braunweiß gescheckt. Die Ohren sind groß und werden sowohl waagrecht als auch als Hängeohren getragen. Die Hörner sind mittellang, 20–30 % des Bestandes sind hornlos.

Die Ziege ist anspruchslos und winterhart, schält keine Bäume und riecht nicht nach Bock. Sie ist eher spätreif und lammt häufig erst mit zwei Jahren das erste Mal.

Ovambo Ziegen sind Haustiere eines Stammes gleichen Namens, der zur Bantugruppe gehört und im Ovamboland, einem Gebiet zwischen Namibia (Südwestafrika) und Angola, siedelt. Erst vor kurzem wurden einige dieser „Individualisten" aus dem Tierpark Hagenbeck, wo sie als Futtertiere gehalten werden, „ausgebürgert" und in Bayern planmäßig gezüchtet. 1994 wurde das Herdbuch eröffnet.

	♂	♀
Widerristhöhe (cm)	80	60
Gewicht (kg)	80–90	40–50

▼

Landschaftspflege: Unter der Obhut des Halters beweidet eine kleine Herde unterschiedlicher Rassen mit einem prächtigen „bunten" Bock eine öffentliche Grünfläche.

Pflegemaßnahmen. Neben der normalen Heugewinnung ist es empfehlenswert, zumindest im wuchsintensiven Frühjahr die abgeweideten Flächen nachzumähen. Bei der großzügigen Bereitstellung der Futterfläche bleibt so manches Kraut, das nicht so gerne gefressen wird, stehen. Um zu vermeiden, dass es sich durch Samen ausbreitet, sollte es vor der Blüte gemäht werden. Ein Reinigungsschnitt begünstigt auch das Nachwachsen des Grases.

Nährstoffversorgung von Weiden

Unter Düngen versteht man, die Lebensvorgänge im Boden anzuregen, den natürlichen Kreislauf vom Abbau organischer Substanzen zum Aufbau pflanzenverfügbarer Nährstoffe zu fördern, den Humus zu mehren und Stoffe auszubringen, die in natürlichen Kreisläufen entstanden sind und sich in die Lebensprozesse Boden-Pflanze unbedenklich integrieren lassen.

Stickstoffversorgung. Nach den Empfehlungen der Fleischproduzenten müssen Sie 200 bis 400 kg Reinstickstoff je Hektar im Jahr ausbringen. Schon geringere Stickstoffmengen lassen aber den Leguminosenanteil zurückgehen. Je höher die Gabe, desto mehr schwindet die Artenvielfalt.

Die Weide wird ärmer an Futterkräutern mit wertvollen Arzneiwirkungen und feinen Gräsern. Ebenso kann die Widerstandskraft der Tiere gegen Parasiten darunter leiden.

Der Bedarf an Stickstoff, des ausschlaggebenden Nährstoffbestandteiles für die Weide, kann aber auch durch „Selbstversorgung" gedeckt werden. Besondere, in guten Humusverhältnissen beheimatete Bakterienarten und vor allem die mit den Leguminosen in Symbiose lebenden Knöllchenbakterien sind in der Lage, den Stickstoff der Luft zu binden und ihn für das Pflanzenwachstum nutzbar zu machen. Ein guter Kleebesatz kann somit die Weide weitgehend mit natürlich gebundenem Stickstoff versorgen.

Organische Dünger. Besonders bei der Umstellung auf eine naturgemäße Bewirtschaftung der Weide ist eine Düngung mit Algenkalk und Gesteinsmehlen eine gute Hilfe:

➔ Kohlensaurer Kalk organischer Herkunft (z. B. Algomin) mit einem hohen Gehalt an Magnesium und Spurenelementen, in Mengen von 4 bis 6 dt/ha ausgebracht, regt die biologischen Umsetzungen im Boden an und gleicht Mangelerscheinungen aus.

➔ Gesteinsmehle wie Basalt- oder Lavamehl sind als langsam fließende Mineraldünger reich an Kieselsäure (ca. 45 %) sowie Spurenelementen. Sie fördern nachhaltig die Entstehung der wertvollen Ton-Humus-Komplexe, was hauptsächlich humusarmen Böden zustatten kommt. Die ersten Jahre können Sie bis zu 20 dt/ha ausbringen. Später genügen 2 bis 3 dt/ha.

Kompost. Das Ausbringen gut verrotteten Kompostes ist das Vorteilhafteste, was Sie zum Gedeihen der Weide tun können. Einen kraftvollen Kompost erhält man durch eine Mischung pflanzlicher Rückstände und dem Stallmist. Wie Sie der Tabelle entnehmen können, hat der Ziegenmist im Vergleich zum Dung anderer Nutztiere ungleich höhere Nährstoffgehalte.

Kompost bietet alle Voraussetzungen für eine sinnvolle Pflanzenernährung:

➔ Durch sein Vermögen, Wasser zu speichern, verhindert er die Auswaschung eingelagerter Nährstoffe aus dem Boden.

➔ Durch artenreiche Mikroorganismen steigert er die biologische Aktivität des Bodens.

➔ Aufgrund seiner Zusammensetzung schützt er den Boden vor Mangelerscheinungen und Einseitigkeiten.

Nährstoffgehalte von Stallmist (%)

	Ziege	Schaf	Rind	Pferd
Stickstoff	0,40	0,85	0,40	0,58
Phosphor	0,40	0,25	0,20	0,25
Kalium	1,12	0,67	0,50	0,53
Kalk	0,73	0,33	0,30	0,30

Bei einer Tiefstreu-Stallhaltung ist es zweckmäßig, den Haufen im Frühjahr beim Ausmisten mit dem im Laufe des Jahres gesammelten organischen Material aufzusetzen. Gleichzeitig wird der vorausgegangene Haufen ausgebracht, dessen Rotte bei fachgerechter Arbeitsweise nach zwölf Monaten beendet sein sollte.

Weideverfahren

Je nach Anzahl der Tiere, vorhandener Weidefläche und Qualität der Weide empfehlen sich unterschiedliche Weideverfahren. Die Tiere sollten so weiden, dass sie während der ganzen Weideperiode immer ausreichendes Futter von guter Qualität vorfinden können. Es gilt, eine Über- oder Unterbeweidung zu vermeiden und eine Art der Beweidung zu praktizieren, die sich der jahreszeitlichen Vegetation rhythmisch anpasst. Während im Frühjahr dem Tier „das Gras ins Maul wächst", tritt gewöhnlich Anfang Juli eine Wachstumshemmung ein, der im August wiederum ein neuer, aber schwächerer Wachstumsimpuls folgt, ehe der Aufwuchs in den Herbst hinein langsam nachlässt.

Gegen das Tüdern spricht:

- → Die weitgehend eingeschränkte Bewegungsfreiheit der Tiere und das Fehlen eines schattigen Ruheplatzes widersprechen jeglichen Anforderungen an eine artgerechte Haltung.
- → Das fortwährende Umpflocken erfordert einen hohen Arbeitsaufwand, besonders wenn mehrere Tiere getüdert werden.
- → Die Trinkwasserversorgung ist oft schwierig.
- → Die Tiere müssen abends in den Stall gebracht werden.
- → Eine ständige Beobachtung der Tiere ist unerlässlich, um sie bei einem Wetterumschwung schnell aufstallen zu können oder um sie vor frei laufenden Hunden zu schützen.

Tüdern oder Anpfählen. Das Anbinden der Tiere mit einer 3 bis 4 m langen Kette an einen Pflock oder einem zwischen Pflöcken gespannten Laufseil ist von den verschiedenen Möglichkeiten der Weidehaltung die schlechteste und wird daher nicht empfohlen. Die verschiedenen Tüdervorrichtungen, die auch das Strangulieren der Tiere durch eine unsachgemäße Kette vermeiden sollen, werden hier nicht näher vorgestellt, da das Tüdern für eine artgerechte Haltung nicht in Frage kommt.

Standweide. Eine große Wiese für wenige Tiere scheint zunächst die beste Art der Weidehaltung zu sein und dürfte den Vorstellungen eines angehenden Ziegenhalters am ehesten entsprechen: Die Ziegen können sich auf der gesamten Fläche frei bewegen und die ihnen zusagenden Pflanzen auswählen. Zudem ist der Zeit- und Arbeitsaufwand gut zu verkraften und die Kosten für die feste Umzäunung und deren Instandhaltung halten sich in Grenzen.

Umtriebsweide. Sie erlaubt nicht nur eine ordentliche Gewinnung des Winterfutters, sondern auch andere Nachteile der Standweide werden

Gebirgsersatz: Ziegen nehmen jede Gelegenheit zum Kraxeln wahr, und wenn es nur ein Steinhaufen ist. Hier eine Rove (Mitte) und die aparten Pfauenziegen.

Nicht übersehbare Nachteile der Standweide sind:

- ➔ In der Hauptvegetationszeit (Mai bis Juni) wird das hohe Futteraufkommen verhältnismäßig gering genutzt, große Futtermengen werden niedergetreten und durch Kot breitflächig verunreinigt.
- ➔ Durch die Unterweidung werden verschmähte Pflanzen überständig und samen aus. Im Laufe der Zeit nehmen dadurch minderwertige Pflanzen überhand.
- ➔ Den Lämmern steht keine eigene Koppel zur Verfügung.
- ➔ Eine Heugewinnung ist kaum möglich.
- ➔ Neuinfektionen mit Innenparasiten sind ständig möglich, da die gleiche Fläche beweidet wird, auf der sich ausgeschiedene Wurm-eier zu ansteckenden Larven entwickeln.
- ➔ Wiederholte Wurmkuren belasten nicht nur zunehmend die Tiere, sondern auch Milch und Fleisch.
- ➔ Ohne einen schattenspendenden Baumbestand und eine Weidehütte zum Schutz gegen Regengüsse für empfindliche Ziegen ist die Standweide gar nicht denkbar.

vermieden. Nach der goldenen Weideregel „kurze Fresszeiten – lange Ruhepausen" wird den Tieren nach der Abweidung eines angemessenen Weideteiles eine neue Teilfläche zugewiesen. Dabei können der Futterbedarf und der je nach Jahreszeit und Witterung unterschiedliche Aufwuchs durch verschieden lange Weidezeiten oder variierte Flächengrößen in Einklang gebracht werden.

Zur Umtriebsweide gehören eine feste, möglichst sichere Außenumzäunung und flexible Innenzäune. Die Tiere beweiden nacheinander etwa sechs bis zehn Einzelparzellen, die jeweils nur so groß gewählt werden, dass sie Futter für etwa drei bis maximal sechs Tage liefern.

Eine dem Aufwuchs angepasste Weidezeit auf begrenzter Fläche gewährleistet eine gleichmäßige Beweidung und verhindert ein Verbeißen bevorzugter Pflanzen. Durch äußere Einflüsse wie Sonneneinstrahlung oder Temperatur stirbt in dieser Zeit die Wurmbrut ab, und die Weide wird gewechselt, ehe die ansteckungsfähigen Larven schlüpfen.

Die Abfolge des Parzellenwechsels muss im jahreszeitlichen Verlauf dem Futteraufwuchs angepasst werden:

- → Schnelle Umtriebe im Frühsommer, da die Pflanzen schnell nachwachsen, und nur kurze Ruhezeiten von etwa zwei Wochen.
- → Langsame Umtriebe im Herbst mit Ruhezeiten von fünf bis sechs Wochen, in denen sich die Reservestoffe in den Wurzeln einlagern können.
- → Bis Ende Mai, spätestens bis Mitte Juni, sollten alle Flächen durch Beweidung oder Schnitt einmal genutzt worden sein.
- → Zur Heuwerbung (Heugewinnung) werden im Mai/Juni etwa 30 bis 40 % der Gesamtfläche als Mähflächen vorübergehend aus dem Umtrieb herausgenommen. Später werden diese Flächen wieder nach und nach in den Beweidungsplan eingebunden.

Weidepraxis. In der Praxis wird es vielfach vorgezogen, die Vorteile der Stand- und Umtriebsweide miteinander zu verbinden und damit auch die Nachteile zu mindern, die bei der Umtriebsweide in der relativ hohen Arbeits- und Zeitintensität bestehen.

Unterschiedliche Verfahren sind möglich: Ist die Weidefläche sehr groß, kann sie sozusagen in mehrere Standweiden eingeteilt werden, die nach der Beweidung regelmäßig gewechselt werden. Oder aber mehrere getrennt voneinander liegende Wiesen werden abwechselnd als Standweiden turnusmäßig beweidet oder zur Heuwerbung genutzt. Auch hier können kleinere Abschnitte mit Elektrozäunen abgetrennt werden, falls die Größe der Gesamtfläche über ein angemessenes Maß hinausgeht.

Fahrbarer Unterstand

Da man nicht auf jeder Einzelweide einen festen Unterstand erstellen kann, bietet es sich an, eine bewegliche Unterstellmöglichkeit einzurichten. Ein der Zahl der Tiere entsprechend großer und angemessen hoher Tafelwagen wird beim Weidewechsel mit den Tieren mitgefahren. Er bietet den Ziegen Schutz vor Hitze und Regengüssen.

Weidebegrenzungen

Ein ausbruchsicherer Zaun ist die beste Gewähr für eine funktionierende Koppelhaltung und eine gute Nachbarschaft. Er soll nicht nur verhindern, dass die lebhaften Ziegen das Weite suchen, sondern andererseits die Tiere vor streunenden Hunden schützen.

Feste Zäune. Für die Einzäunung der gesamten Weidefläche, sei es einer Standweide oder Umtriebsweide, eignet sich am besten ein 1 m hohes Drahtgeflecht, das an den Innenseiten an etwa 3 bis 5 m auseinanderstehenden Holzpfählen (je nach Gelände) befestigt und gespannt ist. Die nicht zu weiten Maschen müssen im unteren Bereich nochmals kleiner werden, damit auch die Lämmer den Kopf nicht durch das Zaungeflecht stecken können. Dabei könnten sie sich verletzen, möglicherweise sogar erhängen oder aber den Zaun nach außen drücken. Wer ganz sicher gehen will, zieht an der Pfahlinnenseite in einer Höhe von etwa 30 cm einen elektrisch geladenen Draht. Ebenso könnte ein in 1,20 m Höhe gespannter Draht die Ziegen am Ausbrechen hindern.

Mobile Elektrozäune. Stromführende flexible Zäune sind die ideale Ergänzung für die innere Abgrenzung der zeitweiligen Weideflächen einer Umtriebskoppel. Sie ermöglichen als „fliegende Zäune" ein schnelles

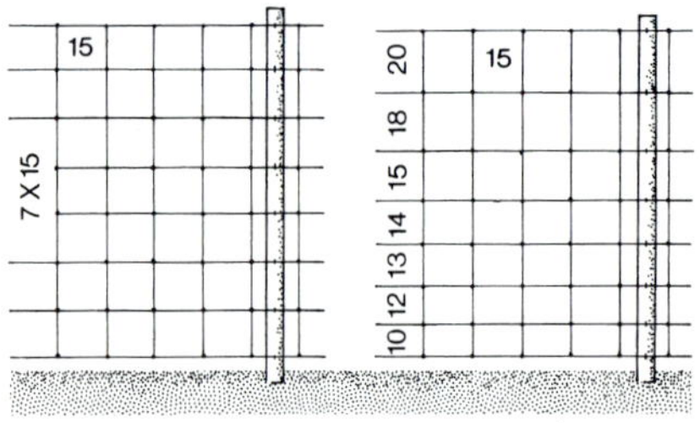

Draht-Knotengitter für feste Zäune, Pfostenabstand 4–5 m

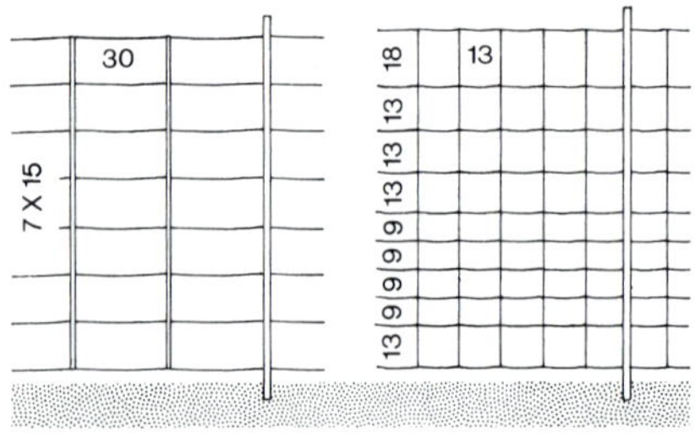

Live-Stok-Netz Super Flock-Netz
Elektro-Knotengitter, Abstand der Stützpfähle ca. 3,5 m

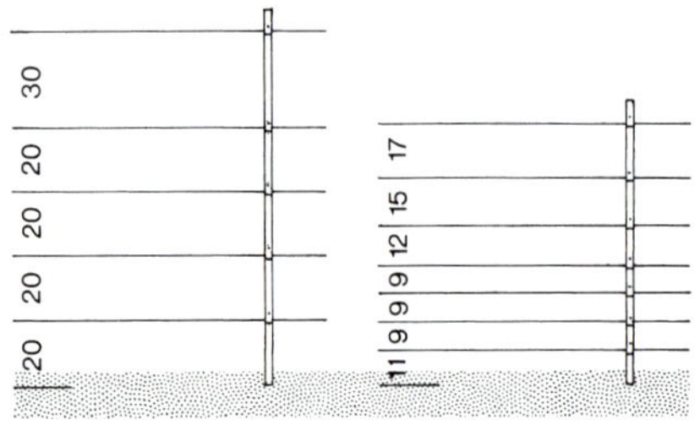

horizont „profi-line" Euro-Fix 7
Elektro-Litzenzaun, Abstand der Stützpfähle 5–8 m

Die rechts dargestellten Zäune eignen sich vornehmlich für Ziegen mit Lämmern oder Jährlingen. Die mobilen Knotengitter haben eingearbeitete Stützpfähle, Live-Stok-Netze haben zudem alle 30 cm eine halbsteife Senkrechtverbindung aus Kunststoff. Bei den Stützpfählen für den Litzenzaun sind je nach Verwendungszweck Abstandhalter für die Drähte vorgesehen.

Versetzen durch einen einfachen Auf- und Abbau. In Frage kommen sowohl Elektronetze als auch elektrifizierte Litzenzäune mit unterschiedlichen Weidezaungeräten.

Elektronetze werden aus netzartig verknüpften Kunststoffdrähten gefertigt, in die teilweise stromführende Metalldrähte eingesponnen sind. Die Netze werden in Höhen von 83 bis 110 cm sowie 25 beziehungsweise 50 m Länge mit isolierenden Kunstoffpfählen hergestellt. Abgesehen von den verschiedenen Höhen variieren die Maschenweiten (im Mittel 15 x 13 cm), die Pfahlspitzen und die Qualität. Es gibt zahlreiche Fabrikate. Außer dem Euro-Netz „Extra lammsicher", bei dem die Maschen der fünf unteren Reihen etwa 6 x 6 cm groß sind, und dem englischen Live-Stok-Netz, in dem alle 30 cm ein halbsteifer Senkrechtstab (Kunststoffsteg) für eine gute Geländeanpassung eingeflochten ist, gibt es aber nur geringe Unterschiede.

Litzenzäune sind billig und einfach zu erstellen. Sie bestehen aus Litzen, bis zu 10 mm breiten Bändern oder Drähten verschiedener Stärken und stabilen Kunststoffpfählen mit festen Isolatoren und Trittlaschen. Diese lassen bei geeigneten Fabrikaten auch ein Eintreten der Pfähle in steinige Böden zu. Bei Holz- oder Rundeisenpfählen können verschiedenartige Isolatoren verwendet werden. Litzenzäune eignen sich besonders für die Einzäunung größerer Flächen mit gewöhnlich drei Stromleitern in 25, 50 und 75 cm Abständen vom Boden. Mit ihnen ist sogar die Einzäunung einer Standweide denkbar, zumal in Gebieten, wo die Errichtung auffälliger Zäune nicht gestattet ist.

Weidezaungeräte. Zur Stromversorgung werden Weidezaungeräte als 230-V-Netzgeräte, 12-V-Autobatterien oder 9-V-Trockenbatterien eingesetzt. In Hofnähe wird am besten ein Netzgerät über ein bis zu 200 m langes hochspannungsfestes Erdkabel verwendet. Es arbeitet bewuchsunempfindlich und kann bis zu 30 km Drahtlänge versorgen.

Auf freier Weide liefern im Allgemeinen 12-Volt-Batterien den Strom. Sie haben den Vorteil, dass sie etwa alle 2 Wochen (je nach Zaunlänge) nachgeladen werden können. Trockenbatterie-Geräte eignen sich nur für kleinere Zaunanlagen. Die Batterien können nicht nachgeladen werden, sind aber über eine längere Zeit (je nach Zaunlänge und zeitlicher

Beanspruchung bis zu zwei Jahre) einsatzfähig. Bei diesen weniger schlagkräftigen Batterien muss unter dem Zaun gemäht werden, um eine Entladung durch Bewuchs zu verhindern. Wichtig ist eine regelmäßige Kontrolle des Ladezustandes.

Die Leistung aller Geräte ist abhängig von einer einwandfreien Erdung. Um auch gegen kritische Trockenheit gewappnet zu sein, sollte ein mindestens 1 m langer verzinkter Eisenstab (Rost isoliert!) eingeschlagen werden.

Weidebegrenzungen

Bei der Vielzahl der angebotenen Netze, Litzen und Geräte gibt es zweifellos Qualitätsunterschiede. Die Deutsche Landwirtschafts-Gesellschaft (DLG) hat verschiedene Produkte beurteilt. Die Prüfberichte sind in dem DLG-Sammelband „Weidewirtschaft" enthalten, der gegen eine Schutzgebühr erhältlich ist (Anschrift siehe Anhang).

Hürden mit Lämmerschlupf. Angesichts der unübersehbaren Vorteile der E-Zäune wird sich heute wohl niemand mehr die mühsame Arbeit des Herstellens und Anwendens von Holzhürden selbst für kleinere Bestände machen. Jedoch kann eine Variante, der Lämmerschlupf, recht nützlich sein. Durch etwa 25 cm breite und bis zu 50 cm hohe Aussparungen in der Hürde können die Lämmer auf ein angrenzendes zugeteiltes Weidestück gelangen. Der frische Aufwuchs ist eine natürliche Kraftquelle. Allerdings lernt so manches Lamm dabei auch, jedes kleine Zaunloch zum Durchschlüpfen zu nutzen.

Überprüfen Sie Ihren Versicherungsschutz !

Ihre Haftpflichtversicherung sollte auch Schäden durch ausbrechende Tiere abdecken. Im Zweifelsfall fragen Sie bitte schriftlich bei Ihrer Versicherung nach und erläutern dabei genau die betrieblichen Zusammenhänge (Zusammensetzung des Tierbestandes, gepachtete Weiden etc.).

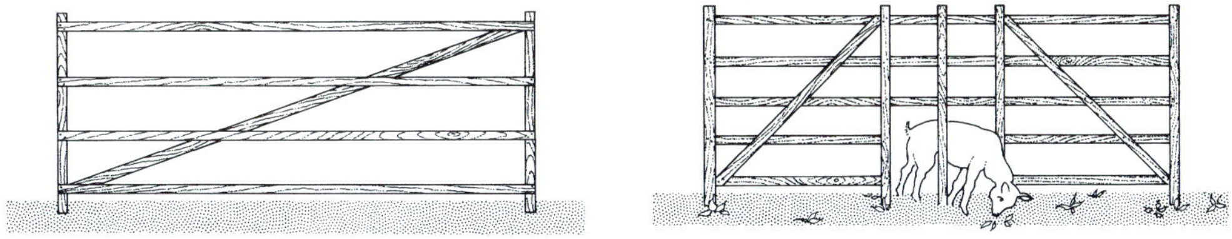

Links: Zum Abteilen von Stallflächen eignen sich am besten leicht herzustellende Hürden (Hürde je nach Länge aus Latten 30/50 oder 40/60 mm).
Rechts: Ein Lämmerschlupf teilt den Lämmern neue unberührte Weideabschnitte zu (lichte Weite maximal 25 x 50 cm).

Ein vorbildlicher Unterstand mit gut bemessener Lauffläche und diversen Heuraufen. An der Längsseite offen, bietet er den Burenziegen Schutz vor Witterungsunbilden und die Möglichkeit, nach Belieben zwischen „drinnen" und draußen zu wechseln.

Weideunterstand

Um die Investitionen für einen soliden Stallbau zu vermeiden, werden heute zunehmend robuste und winterharte Rassen gehalten, die aus gebirgigen Lagen stammen wie beispielsweise die Walliser Schwarzhalsziege. Sie sind auch bei schlechtem Wetter mit einem Unterstand zufrieden.

Für die Wetterharten, die sich ganzjährig auf der Weide aufhalten, sollte die Unterstellmöglichkeit solide und wetterfest gebaut werden. Das kommt den Tieren zugute und vermeidet laufende Instandhaltungskosten.

Standort für Unterstände

Am besten errichten Sie den Unterstand in geschützter Lage, zum Beispiel in einer Baumgruppe, bzw. am Rande eines Gehölzes oder Buschwerks. Die Rückwand sollte möglichst gegen die Wetterseite (Nordwest) liegen. Wenn das Bauvorhaben die Landschaft nicht durch eine freie und herausragende Stellung beeinträchtigt, haben Sie auch größere Chancen bei der Baugenehmigungsbehörde.

Bauweise. Ein Fachwerkbau entspricht am ehesten allen Erfordernissen. Er lässt sich auch kostengünstig im Eigenbau erstellen.

Die Holzkonstruktion wird auf einem massiven Sockel errichtet, auf dem eine Lage Dachpappe das Holz gegen aufsteigende Bodennässe schützt. Es genügt vollauf, nur drei Seiten zu verbrettern, so dass eine Längsseite für den freien Zugang offenbleibt. Für den besseren Schutz sollte der Raum möglichst niedrig sein und sich vor allem in die Tiefe erstrecken. Das Pultdach wird mit Dachpappe gedeckt. Alle Holzteile müssen regelmäßig mit einem schadstofffreien Holzschutzmittel gestrichen werden.

Bäume spenden Schatten, der Unterstand fügt sich hervorragend in die Landschaft ein und dient als Vorratslager für Raufutter, ideale Weideverhältnisse für diese Ovambo Ziegen.

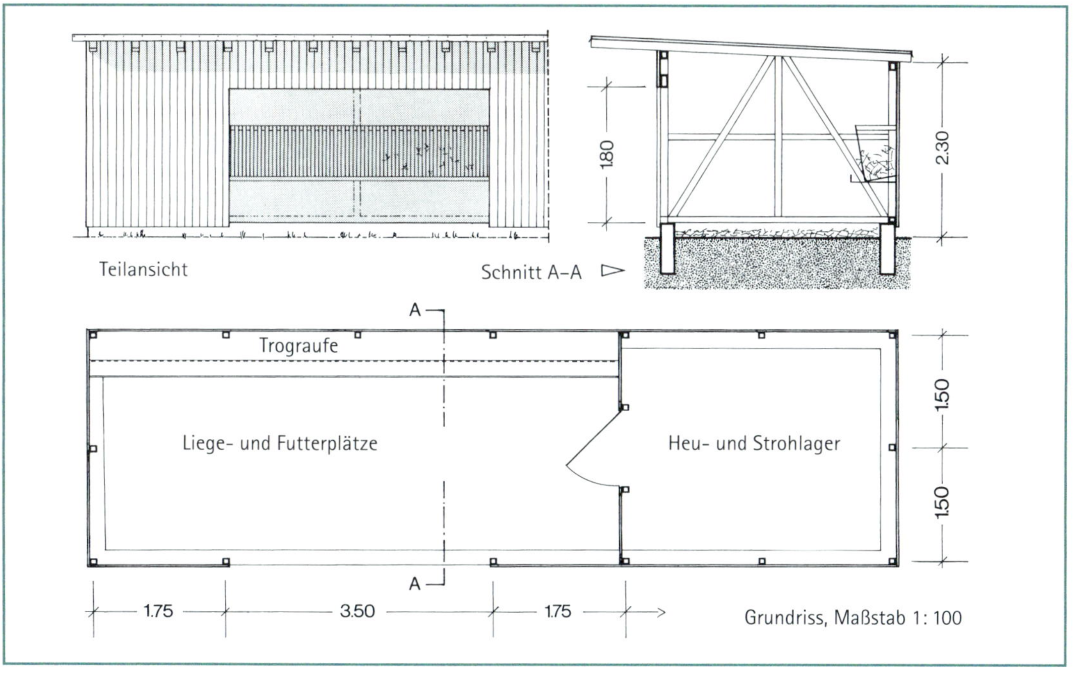

Die Gestaltung und Ausstattung eines Unterstandes ist variabel: Die Größe richtet sich nach der Zahl der Tiere. Ist der Hof nahe, erübrigt sich der Lagerraum. Es ist ratsam, den Zugang außen mit einer dicken Schicht groben Rindenmulch abzudecken, um ein Aufweichen des Bodens bei nasser Witterung und Trittschäden zu vermeiden.

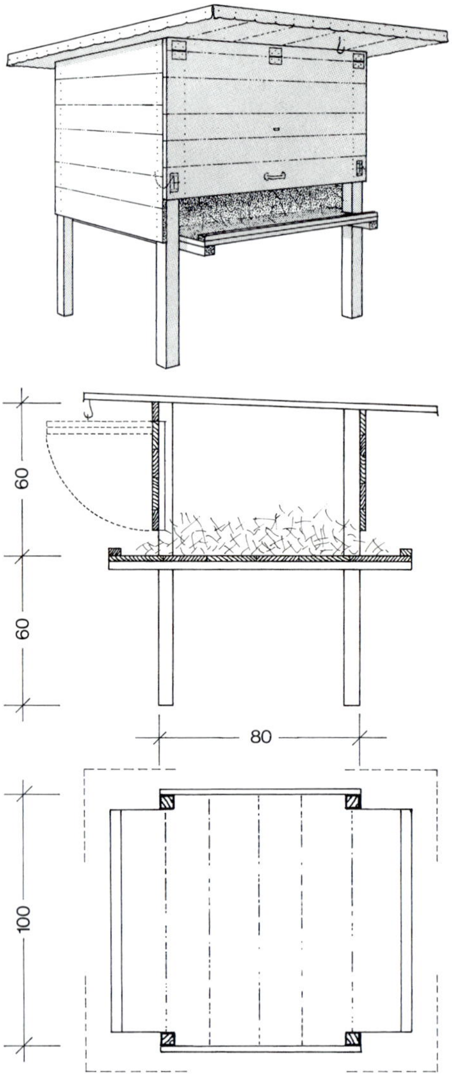

Innenausbau. Die „Ausstattung" des Innenraumes sollte folgendermaßen aussehen: Ein festgestampfter Boden mit reichlicher Strohauflage und eine durchgehende Heuraufe an der Rückwand mit darunter befindlichem Kastentrog, in dem herausfallendes Raufutter aufgefangen und geschnitzeltes oder pelliertes Futter gegeben werden kann. Weiterhin eine Eimertränke, wenn nicht idealerweise ein Bach vorbeifließt. In einem Nebenraum werden Stroh und Vorräte gelagert. Er braucht nicht sehr geräumig zu sein, da verhältnismäßig kleine Raufuttergaben genügen.

Liegeplätze. Die Liegefläche kann verhältnismäßig klein bemessen werden, da die Tiere den Unterstand nur bei schlechter Witterung aufsuchen. Rund 20 m^2 reichen für 10 Tiere aus: 1,5 m^2 Liegefläche je Tier und je 0,5 m^2 für den Fressplatz. Dazu kommen etwa 10 m^2 für den Lager- und Geräteraum, so dass der gesamte Unterstand einen umbauten Raum von etwa 30 $m^2 \times$ 2,5 m (Höhe) = 75 m^3 hat. Die Baukosten würden zwischen 7 000 und 10 000 DM betragen.

Freilandraufe. Für die Unverwüstlichen wie zum Beispiel die Kaschmirziegen, die auch im Winter vor allem in klimatisch günstigen Lagen keinen Unterstand brauchen, genügt auch schon eine überdachte Raufe, wie sie Forstämter für das Wild herrichten.

Witterungsbeständiger sind allerdings Kastenraufen, die relativ leicht herzustellen, jedoch durch ihren festen Aufbau standortgebunden sind. Der Kasten wird mit einer mit Dachpappe gedeckten Klappe geschlossen. Damit die Tiere das herunterfallende Heu nicht zertreten können, bevor es wieder in den Kasten gegeben wird, sollten Sie eine niedrige Einfassung vorsehen.

Mit einer mobilen Freilandraufe kann der Standort auf der Winterweide gewechselt werden, um eventuelle Trittschäden zu verhindern. Alternativ wird sie statt von oben von der Seite beschickt und ist von zwei Seiten zugänglich. Die Einfassung für fallendes Futter, die bei standortfesten Raufen zu empfehlen ist, entfällt.

Ein einfaches Raufengestell kann zu den jeweiligen Weideplätzen getragen werden, um den möglichen Bedarf an Raufutter für die munteren Zwergziegen zu decken.

Stall

Empfindlichere Rassen wie die Milchziegen brauchen sowohl im Winter als auch in der Nacht ein schützendes Stallgebäude, in dem auch leichter morgens und abends gemolken werden kann.

Für einen Neubau mit Bergeräumen für Vorräte und Einstreu müssen Sie allerdings größere Kosten einplanen, falls Sie alle artgemäßen, baulichen und praxisbezogenen Gesichtspunkte berücksichtigen wollen.

Je kleiner die Zahl der Tiere ist, um so krasser stehen die Kosten im Verhältnis zum wie auch immer gearteten Nutzen. Von großem Vorteil ist es, wenn schon geeignete Baulichkeiten vorhanden sind, die lediglich für eine artgerechte Haltung um- oder ausgebaut werden müssen. Landwirtschaftliche Altgebäude sind beispielsweise für die Ziegenhaltung sehr gut nutzbar und senken die Investitionskosten.

Die folgende Beschreibung eines mustergültigen Stallgebäudes bezieht sich auf einen Neubau, für einen Um- oder Erweiterungsbau soll sie Ihnen als Orientierungshilfe dienen.

Stallklima

Einige wichtige Dinge im Zusammenhang mit dem Klima müssen berücksichtigt werden, um das Wohlbefinden der Tiere während ihres winterlichen Stallaufenthaltes nicht zu beeinträchtigen:

Temperaturverhältnisse. Ziegen fühlen sich bei Temperaturen zwischen 10 und 15 °C am wohlsten. Ist es zu kalt, verbraucht der Körper einen hohen Anteil der Futterenergie zur Aufrechterhaltung des Wärmehaushaltes. Ist es zu warm, fressen die Tiere weniger. Die Temperaturverhältnisse im Stall werden maßgeblich durch die Wärmedämmung der Außenwände bestimmt. Bei einem kostengünstigen Fachwerkbau können die Wände je nach den örtlichen Klimaverhältnissen einschalig, doppelschalig oder mit einem geeigneten Isoliermaterial zwischen den Bretterschalen ausgeführt werden.

Bitte achten Sie im Stall auf

- → angemessene Temperaturen,
- → trockene Lauf- und Liegeplätze,
- → viel Licht,
- → ausreichend frische Luft.

Trockene Liegeplätze. Der Stallboden muss gegen aufsteigende Feuchtigkeit und Bodenkälte isoliert werden. Bei einer Tiefstreu-Haltung wird nur ein- oder zweimal im Jahr ausgemistet. So bildet sich ein warmes Polster, für dessen Unterbau ein auf einer Lage Kies verlegter Estrich genügt. Die das Streubett begrenzende Außenwand wird bis mindestens 100 cm über dem Stallboden massiv ausgeführt und mit einem Isolieranstrich versehen.

Wird regelmäßig ausgemistet, sollte ein wärmedämmender Bodenaufbau vorgesehen werden: 20 cm Schlackenschicht, ein in leichtes Gefälle verlegter Estrich mit Jaucheabfluss, eine Lage Dachpappe, auf die Hartbrandziegel mit ausgegossenen Fugen verlegt werden.

Ob Sie sich für Tiefstreu mit klimatisch vorzüglichen Liegeplatz-Eigenschaften und geringerem Arbeitsaufwand oder für laufendes Ausmisten entscheiden, hängt letztlich auch von Ihrer körperlichen Verfassung ab. Selbst wenn nur zweimal im Jahr eine relativ niedrige, aber durch den Tritt der Tiere stark verdichtete Matratze mit der Mistgabel ausgeräumt werden muss, ist das eine Knochenarbeit, die die vielen Vorteile fast vergessen lässt.

Ohnehin sollte möglichst kurze und gut saugbare Einstreu wie Weizen- oder Haferstroh verwendet werden. Gehäckseltes Stroh erleichtert ebenfalls die Arbeit, da es durch die einsetzende Rotte in einen torfähnlichen Zustand übergeht.

Lichtverhältnisse. Die Fensterfläche sollte 25 % der Stallgrundfläche betragen, um den Lichtbedürfnissen der Tiere gerecht zu werden. Hochliegende Kippfenster, die sich nach innen und oben öffnen lassen und mehrstufig verstellbar sind, schaffen die besten Lichtverhältnisse und vermeiden, dass die einströmende Kaltluft unmittelbar nach unten fällt. Liegt die Fensterseite nach Süden und Westen, gewinnt man im Winter eine wünschenswerte Durchsonnung des Stalles.

Be- und Entlüftung. Hohe Luftfeuchtigkeit und verbrauchte Luft mit hoher Schadgaskonzentration sind gesundheitsschädlich. Um eine angemessene relative Luftfeuchtigkeit von 60 bis 75 % zu erreichen, muss der Be- und Entlüftung besondere Beachtung geschenkt werden. Durch einen einwandfreien Abzug des Stalldunstes an der höchstgelegenen

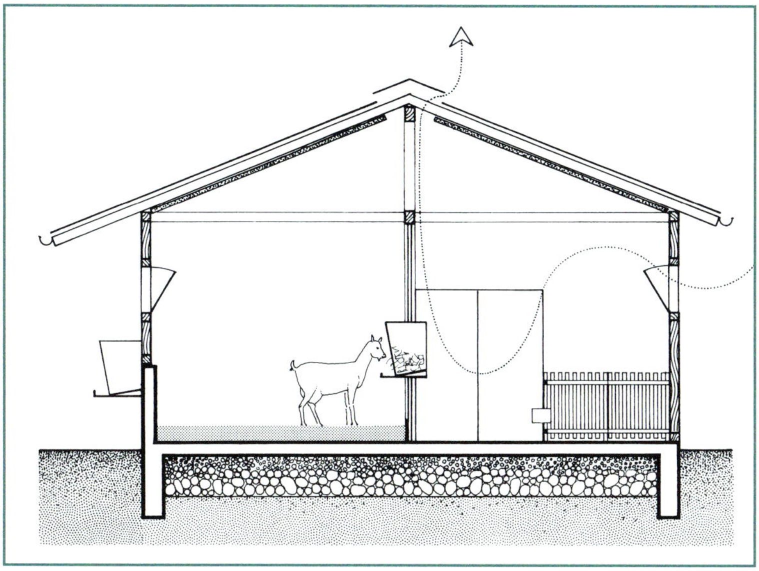

Be-und Entlüftung: Schnitt A-A durch den Stall von Seite 41 im Maßstab 1:100. Doppelschaliger Fachwerkbau (außen Bretter, innen feuchtigkeitsfeste Platten) mit dazwischenliegendem wärmeisolierendem Material. Günstig ist die Belüftung durch verstellbare Fenster und die Entlüftung über das Dach.

Stelle des Daches und durch die frische Fenster-Zuluft, die über verstellbare Kippstellung reguliert werden kann, kann man eine hohe Luftfeuchtigkeit und auch unangenehme Zugluft verhindern.

Aber auch die Bauweise wirkt sich regulierend auf die Stallfeuchtigkeit aus. Für die Außenwände sind natürliche Materialien wie Holz zu bevorzugen. Mauer- oder Betonwände neigen zur Schwitzwasserbildung, die die Luftfeuchtigkeit erhöht.

Vorteilhaft ist es, wenn der Stall keine Zwischendecke hat: Die verbrauchte Luft kann so unmittelbar über Firsthauben entweichen. Der größere Luftraum gestattet einen hohen Luftumsatz und den Tieren steht bei einer Mindest-Stallhöhe von 3 m (Wandhöhe) und bei angemessener Belegungsdichte ein ausreichender Luftraum zur Verfügung (mindestens 6 m^3 je Tier). Selbst das Anwachsen der Mistmatratze bei einem Tiefstreustall um etwa 1 m nach der winterlichen Aufstallung wird durch den erhöhten Luftraum ausgeglichen.

Lauf- und Liegeplätze

Um den Tieren auch während des Stallaufenthaltes, der je nach Witterung um die 150 Tage dauern kann, soviel Bewegungsfreiheit wie möglich zu gönnen, sollte man sie in einem Laufstall unterbringen. Die Einrichtung eines Anbinde- oder Boxenstalles, womöglich noch mit strohlosem und hufschädigendem Spalt-, Lochblech- oder Rostboden, kommt für den Ziegenhalter sicher nicht in Frage, zumal damit auch eine in jeder Hinsicht aufwendige Güllegrube verbunden wäre.

Ein vorbildliche Lämmerbox, in der die gut versorgte Burenziege eine freizügige Unterbringung hat, ist Voraussetzung für die Ruhe des Muttertieres und für eine gute Entwicklung der Lämmer.

Platzbedarf. Wenigen Tieren muss verhältnismäßig mehr Fläche zur Verfügung stehen als einer größeren Anzahl. So brauchen zwei Ziegen 3 m^2 je Tier, zehn Ziegen kommen jedoch mit einer Fläche von insgesamt 20 m^2 (2 m^2/Tier) gut aus. Für Jungtiere berechnet man 1,5 m^2/Tier. Eine Haltung von fünf Ziegen (mindestens zwei sollten es auf jeden Fall sein) mit maximal sieben Jungtieren (bei einer Ablammquote bis zu 150 %) würde also eine rund 23 m^2 große Lauffläche beanspruchen.

Je größer die Anzahl der Tiere ist, desto notwendiger wird es sein, die Lauffläche durch Hürden, zum Beispiel für Muttertiere mit ihren Jungtieren oder für Problemfälle, abzuteilen. Böcke oder vorübergehend kranke Tiere sind besser in jeweils etwa 3 m^2 großen Boxen aufgehoben, die ebenso wie die Lammbox einen Futtertrog haben sollten, der vom Gang aus beschickt werden kann.

Liegenischen. Die Hochalpinisten, die in freier Natur auf Felsvorsprüngen nächtigen können, haben auch als Haustiere diese Vorliebe noch nicht aufgegeben. Gelegenheiten zum Klettern werden gern genutzt. Dem sollten Sie entgegenkommen und die Ruheplätze erhöhen. Dazu montieren Sie 0,8 bis 1 m breite Liegeflächen aus zusammengefügten Brettern etwa 60 cm über dem Boden an die Wände. Die Tiere können sich besser ausruhen, in Muße wiederkäuen oder sich vor streitsüchtigen Artgenossen schützen. Bedenken sollten Sie aber den Reinigungsaufwand und dass die Möglichkeit einer Höherverstellung der Nischen gegeben sein muss, wenn die „Matratze" wächst.

Boxen. Eine etwa 3 m^2 große Ablammbox verbessert die Betreuung des Nachwuchses und fördert die Mutter-Lamm-Bindung. Sie erleichtert die Aufsicht bei der Geburt und die Hilfestellung bei eventuellen Komplikationen. Der unmittelbare Kontakt zwischen Mutter und Lamm wird sicherer gefunden, vor allem bei rasch aufeinander folgenden Mehrlingsgeburten. Die Box fördert eine ungestörte mütterliche Fürsorge, die mit dem Ab- und Trockenlecken beginnt. Auch für ein erkranktes Tier oder wenn der Bock einmal eine Zeit lang „ruhiggestellt" werden müsste, sind Boxen geeignete Aufenthaltsorte.

Abgrenzungen. Für die Begrenzung der Lauf- und Liegeplätze eignet sich am besten ein 1,20 m hohes Gatter aus senkrechten Latten (3 x 5 cm), mit Abständen von jeweils 7 cm: So weit, dass die Luft zirkulieren kann und so eng, dass auch Jungtiere ihren Kopf nicht hindurchstecken können. Bei der Lammbox reicht eine 80 cm hohe Einzäunung. Allerdings darf hier der Lattenabstand eine lichte Weite von 5 cm nicht überschreiten.

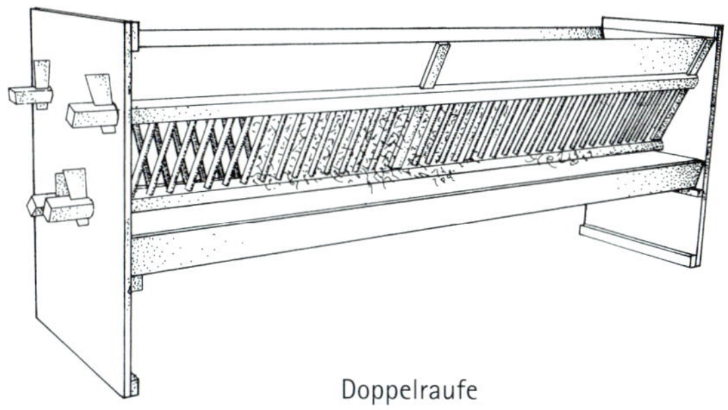
Doppelraufe

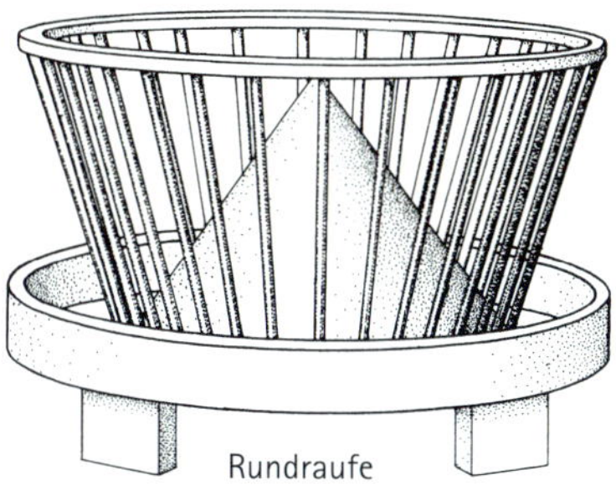
Rundraufe

Fütterungseinrichtungen

Zur Verfütterung von Rau-, Kraft- und Mineralfutter verwenden Sie am besten eine Trograufe, die in das Gatter zwischen den Tierplätzen und dem Gang als weiteres Trennelement eingefügt und vom Gang aus beschickt werden kann. Sie wird (im Eigenbau) so hergerichtet, dass das Heu zwischen senkrecht stehenden Sprossen, die einen Abstand von 5 cm haben, entnommen werden kann. Der Trog, in dem fallendes Heu aufgefangen und Kraft- und Mineralfutter verfüttert wird, hat einen schrägen Boden, auf dem auch aus dem Raufutter fallende Heublumen hinunterrutschen können.

Auch die frei stehenden Stallraufen für Tiefstreuställe sind mit Trögen für Kraftfuttergaben und fallendes Heu versehen. Die Rundraufe hat einen Kegel, der das Heu „maulgerecht" an die Stäbe rutschen lässt.

Futterplatz. Die Fressplatzbreite beträgt für ein erwachsenes Tier 40 cm und für ein Jungtier bis zu einem Jahr 30 cm. Für die angenommenen fünf Muttertiere mit sieben Jährlingen muss die Trograufe demnach 4,1 m lang sein. Um sie handlicher bauen und bequemer in einem Tieflaufstall zur Höherverstellung heben zu können, sollte sie in zwei Teilen hergestellt werden. Für Lämmer, die bereits Raufutter aufnehmen, teilen Sie möglichst ein Extra-Quartier mittels einer Hürde mit Lämmerschlupf ab, damit sie in Ruhe fressen können.

Tränke. Wenn keine Selbsttränke (mit Schwimmer) an eine vorhandene Wasserleitung angeschlossen werden kann, muss immer frisches Wasser im Eimer bereitgestellt werden.

Um Verunreinigungen durch Kot zu vermeiden, sollte der Eimer auf ein 30 cm über dem Mist stehendes Podest gestellt werden. Besser ist es jedoch, wenn der Eimer oder Trog – durch eine Lücke erreichbar – außerhalb des Gatters steht oder hängt. Das Wasser ist so einfacher zu ersetzen und der Liegeplatz bleibt trocken. Bei der Ablammbox ist die Wasserversorgung außerhalb in jedem Fall anzuraten.

Die Größe des Bergeraumes hängt ab

- ➔ von den Einstreumengen und den Futterrationen, entsprechend der Zahl und der Aufenthaltsdauer der Tiere sowie
- ➔ von der für die Praxis zweckmäßigen Lagerhöhe der Vorräte.

Gewicht und Raumbedarf von Futtermitteln

Einstreu Futtermittel	Raumbedarf* für 1 dt	Gewicht von 1 m^3
Strohballen	0,6 m^3	1,7 dt
Stroh, gehäckselt	2,0 m^3	0,5 dt
Heuballen	0,4 m^3	2,4 dt
Heu, lose	1,7 m^3	0,6 dt
Futterrüben	0,2 m^3	6,6 dt
Trockenschnitzel	0,3 m^3	3,4 dt
Hafer	0,2 m^3	4,5 dt

* Für die Bedarfsberechnung ist es maßgeblich, wieviel Raum die (nach Gewicht veranschlagten) Futtermittel benötigen. Die Angaben sind Durchschnittswerte (1 dt = 1 Dezitonne = 100 kg).

Vorräte

Für Vorräte wie Futter und Einstreu ist ein Bergeraum einzuplanen, der wegen der Stall-Luft vom Stallraum getrennt und abschließbar sein sollte.

Berechnung des Flächenbedarfs. Die Größe der Lagerfläche für Einstreu und Futtermittel als Beispiel für fünf erwachsene und sieben Jungtiere kann nur annähernd berechnet werden, da die zum Raufutter zusätzlich gegebenen Futterrationen variabel sind.

Die Berechnung auf der nächsten Seite soll lediglich eine Orientierungshilfe geben unter der Annahme, dass

- ➔ die Tiere sich im Sommer über Nacht und im Winter ganztägig im Stall aufhalten;
- ➔ wertvolles Heu aus eigener Ernte stammt und lose gelagert wird;
- ➔ die Lämmer nur wenig Heu und keine Rüben fressen, da sie bis zum Beginn der Weide getränkt und im Herbst geschlachtet werden;
- ➔ Kraftfutter in Säcken gelagert und leicht verderbliches Futter in Etappen besorgt wird, so dass 3 m^2 ausreichen.

Beispiel für die Berechnung des Lagerflächenbedarfs							
Einstreu Futtermittel	Tage	Je Tag + Tier	Tiere	Jahres-bedarf	Raum-bedarf	Lager-höhe	Fläche
Strohballen	365	0,5 kg	12	22,0 dt	13,0 m^3	2,75 m	4,8 m^2
Heu, lose	150	1,5 kg*	5	11,5 dt	19,5 m^3	2,75 m	7,2 m^2
Futterrüben	150	3,0 kg	5	22,5 dt	4,5 m^3	1,50 m	3,0 m^2
Kraftfutter	150	0,5 kg	5	3,75 dt			3,0 m^2
Insgesamt							18,0 m^2

* unter Berücksichtigung eines Verlustes von 20-30 %

Heu- und Strohlager. Die Plätze für Stroh und Heu werden wegen einer besseren Stapelung durch luftige Latten-Gatter getrennt. Ein Lagerplatz kann für besonderes Raufutter eingerichtet werden, wenn zum Beispiel darauf Wert gelegt wird, das Heu vom ersten und zweiten Schnitt im Verhältnis von 60 : 40 (Grummet, Öhmd) wegen der verschiedenen Inhaltsstoffe zu trennen. Oder wenn hochwertige Luzerne oder Seradella angebaut wurden, um die Futterrationen nach Bedarf abzurunden.

Heu und Stroh sollten auf einem 15 bis 20 cm hohen Holzrost liegen, damit keine Bodenfeuchtigkeit hineinziehen und die Luft zirkulieren kann. Um eine Selbstentzündung des Heus durch Feuchtigkeit zu vermeiden, sollte bis etwa zehn Wochen nach der Einlagerung wöchentlich mit einer bis zu 4 m langen Heumesssonde, die bei der Feuerwehr erhältlich ist, die Temperatur gemessen werden. Wenn es auch nicht bis zur Lohe kommen sollte, so werden im feuchtwarmen Heu doch wertvolle Inhaltsstoffe zerstört und es entwickeln sich Schimmelpilze, die das Futter ungenießbar machen.

Laufhof

Zu einer artgerechten Ziegenhaltung gehört es, dass die Tiere sich auch im Winter an der frischen Luft unter Einfluss der wichtigen UV-Strahlung bewegen können.

Praktisch ist die Einrichtung eines eingezäunten Quartiers an der möglichst zugfreien Südseite des Stalles. Es muss so großzügig sein, dass sich die Tiere frei bewegen können und bei Rangauseinandersetzungen genügend Raum zum Ausweichen haben. Frostige Tage werden so gut vertragen. Ziegen sind bestens an die für unser

Die Wahrnehmung der Witterung und verschiedene Klimareize fördern

- → die Langlebigkeit,
- → die Fruchtbarkeit, auch schon durch bessere Brunsterkennung,
- → eine Erhöhung der Raufutteraufnahme,
- → eine Reduzierung von Stoffwechselstörungen.

Ein an das Stallgebäude anschließender Laufhof mit montierter Trograufe ermöglicht den Tieren auch im Winter einen Aufenthalt an der frischen Luft.

Empfinden niedrigen Temperaturen angepasst, solange ihr Aufenthaltsort trocken und zugfrei ist.

Vorkehrungen. Der Durchlass zum Laufhof kann relativ schmal sein. Besser sind zwei Türen zu je 0,5 m Breite und 1 m Höhe, damit rangniederen Tieren der Durchgang nicht verwehrt werden kann, als eine breitere, die zwar mehreren Tieren den Durchlass gewährt, aber Drängeleien mit Verletzungsgefahr provoziert.

Sie können die Ziegen für eine bestimmte Zeit herauslassen oder ihnen den Aufenthalt nach Belieben freistellen. Die Durchlässe können Sie mit Kunststoffschürzen verhängen, um die Stalltemperatur nicht zu weit absinken zu lassen. Die „Vorhänge" werden von den Ziegen problemlos angenommen.

Bei längeren Aufenthalten ist zu bedenken, dass der Boden stark strapaziert wird und Kotansammlungen gelegentlich beseitigt werden müssen. Zumindest bei nassem Wetter muss die „Winterfrische" eingeschränkt werden.

Einrichtungen. Zur Abrundung des Freiluftgeheges kann eine Heuraufe an der Stallwand angebracht werden, die durch einen weiten Dachüberstand vor Schnee oder Regen geschützt ist. Eine Tränke sollte ebenso wenig fehlen. Darüber hinaus ist das Anbringen einer Scheuerbürste sehr zu empfehlen, um dem den Ziegen eigenen Bedürfnis zur ausgiebigen Körperpflege entgegenzukommen.

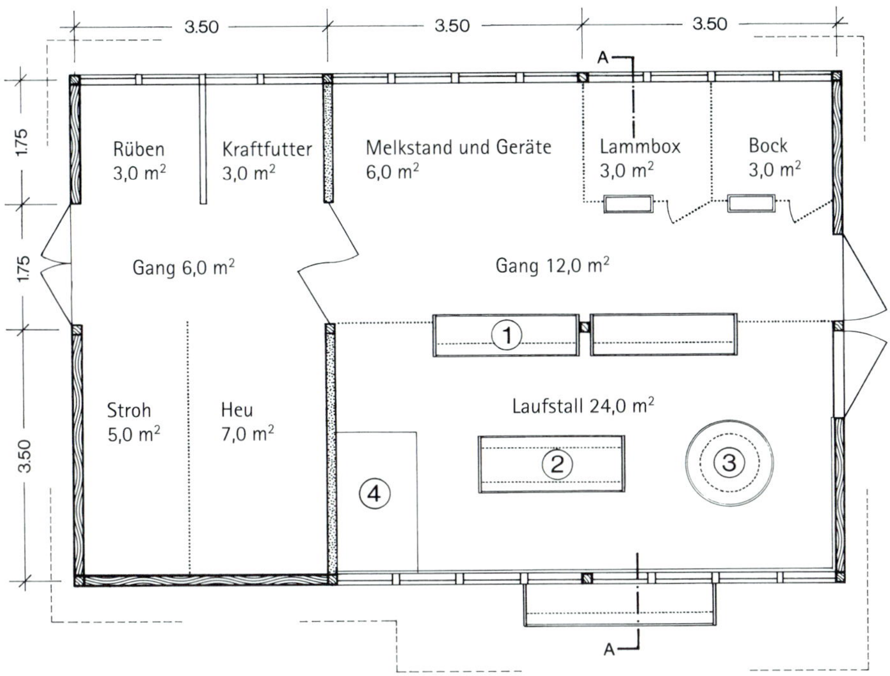

Stallgrundriss im Maßstab 1:100 (1 cm = 1 m) für 5 Ziegen mit 7 Jungtieren
① Montierte Trograufe: Zweckmäßig für Ställe, die regelmäßig ausgemistet werden; ② freistehende Doppelraufe oder ③ Rundraufe, die in Tiefstreuställen mit der wachsenden Matratze angehoben werden können; ④ Liegeplatz (ca. 75 cm über dem Mist).

Muster-Grundriss

Der oben dargestellte Grundriss ist ein Vorschlag für die mögliche Anordnung der Funktionsbereiche und ihrer Flächengrößen für fünf Ziegen mit sieben Lämmern und einem Bock (gegebenenfalls Box oder Abteilung) nach den angegebenen Bedarfswerten für Tiere und Vorräte.

Baukosten. Die Herstellungskosten variieren je nach Bauweise, Ausstattung und Eigenleistungen. Im mittleren Bereich muss man einen Kubikmeterpreis von etwa 150 DM ansetzen. Die Baukosten würden dann für ein 270 m³ großes Stallgebäude etwa 40 500 DM betragen.

Raumbedarf für Stall und Lager

	Aufmaß	Fläche
Liegeplätze	3,5 m x 7 m	25 m²
Boxen	2 x 1,75 m x 1,75 m	6 m²
Geräte/Melkstand	1,75 m x 3,5 m	6 m²
Lagerräume		18 m²
Gänge	1,75 m x 10,5 m	18 m²
Grundfläche		72 m²
Umbauter Raum	3,7 m x 72 m²	270 m³

Pfauenziege

Typische Rassenmerkmale dieser seltenen Ziege sind außer dem weißen Vorderteil und dem vorwiegend schwarzen Hinterteil die schwarzen Innenseiten der Ohren, des Maules, ein Wangenfleck und der Streifen von der Hornbasis bis zur Nase. Diese „Pfaven" (rätoromanisch: Flecken) gaben ihr den Namen. Weiß ist die Oberseite des Schwanzes, die Oberschenkel-Außenseite und ein Fleck auf der Flanke. Sie hat ein mittellanges Haarkleid und ist behornt.

Die als Rassetyp attraktive Ziege liefert gutes Fleisch und Häute, während die Milchmenge mit etwa 470 Litern im Jahr weniger interessant ist.

Früher in Graubünden und im Tessin weit verbreitet, ist der Bestand stark zurückgegangen, nachdem sie 1938 bei der Schweizer Rassenbereinigung nicht mehr anerkannt wurde. Sie zählt zu den gefährdeten Haustierrassen.

	♂	♀
Widerristhöhe (cm)	75–85	65–75
Gewicht (kg)	70–80	50–60

Pinzgauer Ziege

Die große Gebirgsziege hat mittellanges gemsfarbenes Haar, das als Einzelhaar dreifarbig ist: fahl, rotbraun, mit schwarzer Spitze. Mit dem Haarwuchs wechselt das Haarkleid im Jahreslauf von graubraun über rot, kastanienbraun bis grau. Der lange Körper wird von kurzen und stämmigen Gliedmaßen getragen.

Die Pinzgauer Ziege ist ein widerstandsfähiges und winterhartes Almtier mit ursprünglichen Verhaltensmerkmalen, das eine ganzjährige Weidehaltung erlaubt. Die Milchleistung ist mit 570 bis 680 Litern im Jahr sehr unterschiedlich.

Bedingt durch die Aufgabe der Almhaltung und der geringen Milchmenge ist die Entwicklung der aus dem Pinzgau und Osttirol stammenden Ziege rückläufig.

	♂	♀
Widerristhöhe (cm)	90	80
Gewicht (kg)	80–100	60–80
Gehörn (cm)	80–95	bis 55

Poitevine

Die großrahmige (Körperbau) und langhaarige Poitevine-Ziege ist an Rücken und Hinterbeinen schwarzbraun, Unterseite, Unterbeine und die Afterregion sind gelblich. Attraktiv wirkt der dreieckige Kopf mit seinen weißen Streifen von der Augenregion bis zum Maul und den Stehohren. Die sowohl gehörnt als auch hornlos auftretenden Tiere tragen meistens einen Bart und „Glöckchen".

Die Milchmenge liegt bei 800 bis 900, aber auch über 1000 Liter im Jahr. Durch den hohen Gehalt eines bestimmten Casein-Eiweißes eignet sich die Milch in besonderer Weise zur Herstellung typischer Käsesorten.

Die Poitevine-Ziege stammt aus dem Gebiet zwischen dem Städtedreieck Nantes-Limoges-Bordeaux. Aus einer einheimischen Landrasse entstanden, wurde 1947 das Herdbuch eröffnet.

	♂	♀
Widerristhöhe (cm)	70–85	65–80
Gewicht (kg)	60–85	45–65

Rove

Gewöhnlich ist das kurzhaarige Fell der Rove Ziege rot, es kann aber auch grau bis schwarz oder gefleckt vorkommen. Der dreieckige Kopf des Bockes trägt große gekordelte Hörner. Die langen und breiten Ohren neigen sich nach vorne. Der Körper ist massig und muskulös. Brust und Schultern sind breit und die Flanken gut gefüllt. Die hinteren Beine sind besser entwickelt als bei anderen Ziegenrassen.

Obwohl die Milch mit etwa 6,7 % einen hohen Fettgehalt hat, gehört die Rove eher zu den Fleischtypen. Die Fruchtbarkeit beträgt 200 %.

Die Rove ist eine robuste und genügsame Bergziege, die gut für die Landschaftspflege geeignet ist. Beheimatet ist sie in einem kargen Gebiet der Esrague-Kette, westlich von Marseille. Von einem dort gelegenen Dorf hat sie ihren Namen erhalten.

	♂	♀
Widerristhöhe (cm)	90–100	70–80
Gewicht (kg)	80–100	50–60

Fütterung

Die wichtigste Futtergrundlage bleibt das Grünfutter. Eine satte Weide mit einem ausgeglichenen Pflanzenbestand kann den Bedarf an Nährstoffen und Energie gut abdecken.

Als typische Weidetiere finden Ziegen in freier Natur ihre Nahrung in Hülle und Fülle. In menschlicher Obhut sind sie jedoch auf das angewiesen, was wir ihnen bieten können. Bei höheren Ansprüchen an die Leistung (zum Beispiel bei Milchziegen) müssen die Grundrationen durch zusätzliche Futtergaben (Konzentratfutter) ergänzt werden. Tierische Eiweißnahrung in jeglicher Form (unter anderem als Tiermehl), sollte auf jeden Fall, nicht erst seit den BSE-Erkrankungen, in der artgerechten Haltung tabu sein.

Wie frisst und verdaut die Ziege?

Rechte Seite:
Ziegen ernähren sich gerne vielseitig. Was ihnen besonders gut schmeckt, holen sie sich auch von weiter oben.

Die hochspezialisierten Pflanzenfresser sind mit besonderen Eigenschaften ausgestattet. Gebiss und Magen sind der Lebensweise so ausschließlich und einzigartig angepasst, dass sich andere Lebensumstände nachteilig auf das Wohlbefinden der Tiere auswirken können. Den komplizierten Verdauungsvorgängen der Wiederkäuer ist besondere Beachtung zu schenken, da sie spezielle Anforderungen an die Fütterung stellen.

Gebiss und Nahrungsaufnahme

Das Gebiss der Ziegen ist der Nahrungsaufnahme auf der Weide angepasst. Anstelle der Schneidezähne im Oberkiefer haben die Tiere eine derbe Hornplatte mit knorpeliger Kante. Mit der sehr beweglichen Oberlippe holen sie die Pflanzen heran, klemmen sie zwischen Gaumenplatte und den unteren scharfen Schneidezähnen fest und rupften oder knabbern sie dann ab.

Kurzes Gras wird besser erfasst als langes. Ideal ist eine Wuchshöhe von 10 bis 15 cm, zumal es bis zu dieser Höhe auch einen guten Nährwert hat. Bei Überweidung können sie das Gras mit „giftigem Zahn" so tief verbeißen, dass die Narbe geschädigt wird.

Zahnformel. Die Zähne sind bei dem bleibenden Gebiss nach folgender Zahnformel angeordnet:

Zahnformel

	Backen-zähne	Schneide- und Eckzähne	Backen-zähne
Oberkiefer	3 3	0 0 0 0	3 3
Unterkiefer	3 3	0 4 4 0	3 3

Unterkiefer

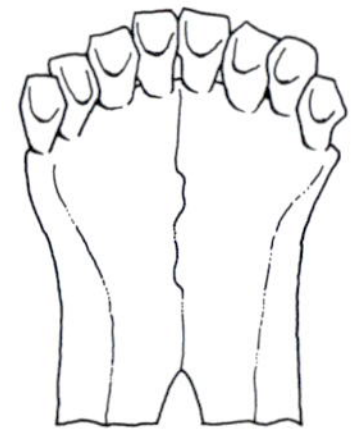

Milchgebiss
Schneide- und Eckzähne spätestens vollständig nach 4 Wochen

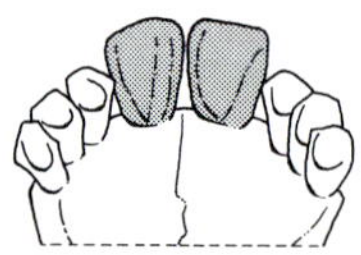

„Zweizahn"
Wechsel der Zangen nach 12–18 Monaten (2. Lebensjahr)

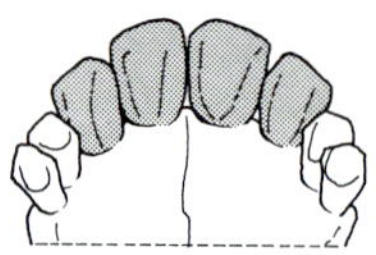

„Vierzahn"
Wechsel der Mittelzähne nach 18–24 Monaten (2. Lebensjahr)

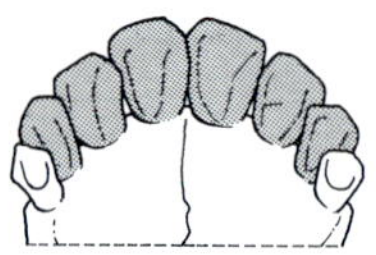

„Sechszahn"
Wechsel der Mittelzähne nach 2–3 Jahren (3. Lebensjahr)

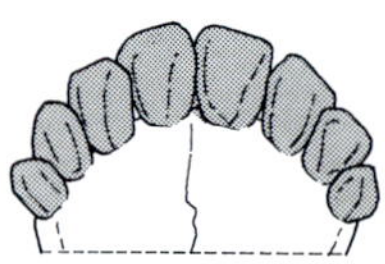

Volles Gebiss
Wechsel der Eckzähne nach 3–4 Jahren (4. Lebensjahr)

An den jeweiligen Wechselstadien der Schneide- und Eckzähne, die bei den Wiederkäuern nur am Unterkiefer vorkommen, kann in den ersten vier Lebensjahren das Alter des Tieres bestimmt werden.

24 kräftig entwickelte Backenzähne, jeweils 2 x 6 im Ober- und Unterkiefer zerkleinern die Nahrung. Im Unterkiefer ist zwischen den Backen- und den 8 Schneidezähnen eine Lücke. Steckt man den Daumen in diesen Zwischenraum, muss das Tier sein Maul öffnen.

Altersbestimmung. Der Wechsel vom Milchgebiss zum bleibenden Gebiss vollzieht sich zu unterschiedlichen Zeiten. Da die gewechselten Schneidezähne größer, kräftiger und schaufelartiger sind als die Milchzähne, kann man das ungefähre Alter entsprechend der jeweiligen Stadien ablesen. Der Zahnwechsel beginnt nach etwa einem Jahr mit den beiden mittleren Schneidezähnen (den Zangen) und setzt sich im Laufe von etwa drei Jahren über die benachbarten inneren und äußeren Mittelzähne bis zu den Eckzähnen fort. Die Dauer des Zahnwechsels hängt allerdings auch von der Rasse, der individuellen Veranlagung und dem Futterzustand ab. Zum Beispiel wechseln gut ernährte Tiere die Zähne früher.

Verdauung

Ziegen sind gute Futterverwerter. Selbst besonders rohfaser- und zellulosereiches Futter (stängeliges Grünfutter, Heu, Stroh, Blätter, Zweige oder Rinde), das von Tieren mit einem einhöhligen Magen kaum oder gar nicht verwertet werden kann, können Ziegen durch ein hochentwickeltes, vierhöhliges Verdauungssystem in hochwertige Nährstoffe verwandeln.

Das raue Futter muss, um gründlich aufbereitet zu werden, gut gekaut werden. Die Tiere kauen jedoch nicht nur sorgfältig, sondern zermalmen das einmal Geschluckte ein zweites Mal. Überwiegend im Liegen beginnen sie etwa 30 bis 60 Minuten nach der Futteraufnahme mit dem Wiederkäuen. Dieser Prozess dauert zwischen acht und zehn Stunden täglich und verteilt sich auf mehrere kürzere Perioden mit einer längeren Periode in der Mittagszeit, in der sie möglichst in Ruhe gelassen werden sollten. Es folgen zwei weitere ausgedehnte Phasen in der Nacht. Die Verdauungsprozesse verlaufen entsprechend dem zweifachen Kauen ebenfalls in zwei Phasen ab:

Die übermütigen Toggenburger Zicklein nehmen jede Gelegenheit wahr, um beim Spielen immer „obenauf" zu sein. Die Mutter lässt sie duldsam gewähren, obwohl sie sich gerne ausruhen möchte.

Aufbereitung. Das vorerst nur grob zerkleinerte Raufutter gelangt zunächst in den bis zu 20 Liter fassenden Pansen (Rumen, Wanst, Ranzen), einer großen Gärkammer mit unzähligen Wimpertierchen (bis zu 900 000 je cm^3) und Bakterien. Diese schließen die sonst unverdauliche Zellulose auf und bereiten sie zu einer für die Ernährung wichtigen Eiweißquelle auf. Nach der Zellulose-Verdauung wird das angedaute Futter über den Netzmagen (Haube) in das Maul zurückbefördert und nun in aller Ruhe gründlich durchgekaut. Dabei wird es mit bis zu zwölf Litern Speichel täglich angereichert, der die Gärungssäuren neutralisiert.

Verarbeitung. Nach dem Wiederkäuen durchläuft der Speisebrei den mit blattartigen Falten versehenen Blättermagen (Psalter, Kalender, Löser), in dem er zerrieben und ausgepresst wird. Schließlich gelangt er in den Labmagen (Käsemagen), der etwa dem einhöhligen Magen anderer Tierarten entspricht.

Da auch die eiweißreichen Pansenorganismen nach getaner Arbeit im Labmagen verdaut werden, wird der Eiweißbedarf der Ziegen überwiegend aus „eigener Herstellung" gedeckt. Die Tiere können daher mit eiweißärmerem Futter gut auskommen. Im Gegensatz dazu kann eine zu eiweißreiche Nahrung schwerwiegende Störungen hervorrufen.

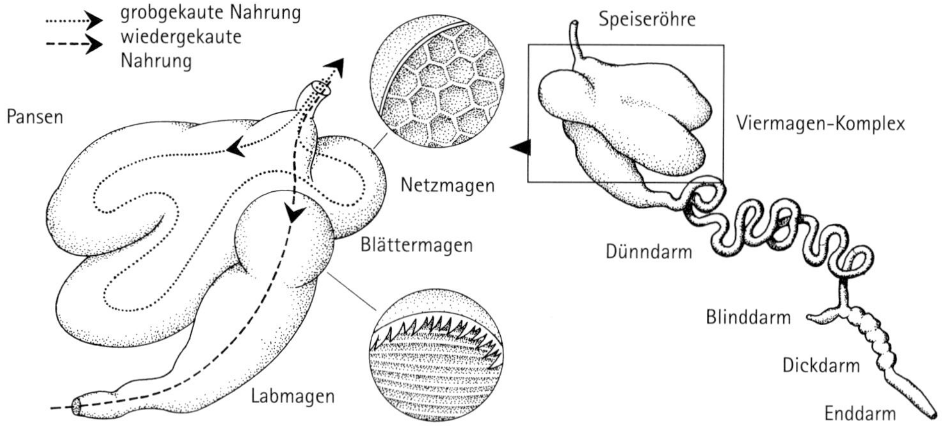

Im mehrteiligen Magen der Wiederkäuer wird die Pflanzennahrung in verschiedenen Stadien verarbeitet: Grob zerkleinert wird sie im Pansen vergoren und gelangt über den mit netzartigen Schleimhautfalten ausgestatteten Netzmagen wieder in das Maul zurück. Wiedergekäut durchläuft der Speisebrei dann den blattartigen Blättermagen und den Labmagen. Der weitere Verdauungstrakt unterscheidet sich nicht von dem anderer Tierarten.

Verdauungsstörungen. Die Stoffwechselvorgänge im aufwendigen Magensystem sind natürlich komplizierter, als hier mit wenigen Sätzen dargestellt werden kann. Vor allem der Pansen, Lebensraum zahlloser Mikroorganismen, ist sehr störanfällig. Die Kleinstlebewesen können nur in einem Milieu leben, dessen Säuregrad mit einem pH-Wert zwischen 6,2 und 7 konstant bleibt. Wird eine artgerechte Fütterung vernachlässigt, kann sich das verhängnisvoll auswirken.

Eiweißreiche, rohfaserarme Futtermittel wie Getreide und Ölsaatenrückstände, junges Grün, Rübenblätter, Klee oder überdüngte Weiden verursachen Verdauungsstörungen, wenn sie in größeren Mengen (zum Beispiel zur Leistungssteigerung) verfüttert werden. Mangels Raufutter wird der Reflex zum Wiederkäuen nicht ausgelöst. Unterbleibt das Wiederkäuen, wird aber zu wenig Speichel produziert und der Panseninhalt übersäuert. In Folge sterben die Mikroorganismen ab und die Abläufe des ganzen Verdauungssystems geraten ins Stocken. Schaumige Gärung bläht den Pansen auf und führt in schweren Fällen zum Tode (Trommelsucht).

Bei einem Futterwechsel stellen sich Pansenflora und Magendrüsen erst allmählich auf das neue Futter ein. Deshalb sollten Sie besonders im Frühjahr den Wechsel von der langen Winterfütterung mit vorwiegendem Heuanteil nur

Vorboten bei Verdauungsstörungen

Die besten Hinweise auf das Nährstoffverhältnis des verabreichten Futters ergeben sich aus der Beobachtung der Tiere:

- Nachlassende Futteraufnahme und träge Pansenbewegung bei geringer Pansenfüllung, langsames Wiederkäuen, Mattigkeit und raues Haar sind erste Symptome einer gestörten Pansenflora. Im weiteren Verlauf wird der Kot weich.
- Der normale Ziegenkot ist in einzelne Kügelchen geformt. Jede Abweichung von dieser Form, schon das Zusammenkleben mehrerer „Kaffeebohnen" zu kleinen Haufen, weist auf Störungen hin, ein untrügliches Zeichen, dass der Verdauungstrakt belastet und die Ziege gefährdet ist.

langsam vornehmen. Eine Zeit lang muss die Grasfütterung mit langsam abnehmenden Gaben an Raufutter ausgeglichen werden.

Fressverhalten

Die Ziege hat ein größeres Futterspektrum als andere landwirtschaftliche Nutztiere, wobei sie bei einem breiten Futterangebot und freier Futterwahl vornehmlich das genäschig auswählt, was ihr besonders gut schmeckt (selektives Fressverhalten).

Bei gleichzeitigem Angebot von Gras, Kräutern und Laub fressen Ziegen immer von allem etwas. So wechseln sie ständig zwischen den verschiedenen Pflanzen und teilen außerdem ihre Futteraufnahme in bis zu 20 kleine Perioden auf, in denen sich wählerisches Futtersuchen und Ruhepausen mit Wiederkäuen abwechseln. Auch wählen sie aus dem angebotenem Raufutter das aus, was ihnen besonders gut schmeckt.

Dieses Verhalten scheint kapriziös (capra = lateinisch für Ziege) und schleckig, ist aber ernährungsphysiologisch sehr sinnvoll. So stellt sich die Ziege aus den verschiedensten Pflanzen ein „Menü" mit vielseitigen Nährstoffen zusammen und verbessert so ihre Protein- und Mineralstoffversorgung. Sie kann Geschmackseindrücke wie süß, sauer, bitter oder salzig unterscheiden.

Futtermittel

Grünfutter

Grünfutter ist die Grundnahrung der Ziege in der Vegetationszeit. Die Beweidung beginnt im Allgemeinen Mitte April, wenn der Aufwuchs die Höhe einer Handbreite erreicht hat. Der Übergang von der winterlichen Stallfütterung vorwiegend mit Heu zum Grünfutter muss langsam vor sich gehen. Das junge, saftige Grün ist sehr eiweißhaltig und rohfaserarm, vor allem wenn ein reicher Kleebesatz vorhanden ist. Die Ziegen fressen dann meist gierig. Da sich die Pansenflora nur allmählich auf das veränderte Futterangebot umstellen kann, sollte vor dem Austrieb zum Ausgleich reichlich Heu, Stroh oder auch Trockenschnitzel gefüttert werden. Am ersten Tag lässt man die Tiere daher am besten nur einige Minuten und weitere 7 bis 14 Tage nur stundenweise oder halbtags weiden. Kraftfuttergaben sind nun eine zusätzliche Belastung und in dieser Zeit höchster Nährstoffangebote eine Verschwendung. Täglich Frischfutter zu schneiden und vor dem Weidegang zu verfüttern, ist aufwendig und nur sinnvoll, wenn auf einer der Weideflächen der Aufwuchs bereits so weit fortgeschritten ist, dass die Tiere das Gras durch ihr selektives Fressverhalten „zerramschen" würden.

Wenn die Herde, hier von einer „Toggenburger" angeführt, bis zu den „Knöcheln" im saftigen Gras steht, dann gibt es keine Futterprobleme. Ziegen und Halter freuen sich gleichermaßen über den „satten" Weidegang.

Dagegen können Sie den Tieren während des winterlichen Stallaufenthaltes an schneefreien Tagen frisch geschnittenes, aber ungefrorenes Grünfutter anbieten. Hierfür empfiehlt sich der Anbau der frostverträglichen Serradella.

Weideflora. Durch intensive Bewirtschaftung sind viele Wiesen leider zu Monokulturen weniger Gräser verarmt, in denen sich vor allem unerwünschte Weidekräuter wie Rasenschmiele, Sauergräser und Seggen oder Wiesenstorchschnabel, Hahnenfuß, Disteln und Ampfer vermehren.

Ziegen lieben Weidegründe mit einem vielfältigen Angebot an nahrhaften Gräsern, Leguminosen und Kräutern:

- Weidel-, Liesch- und Knaulgras, Wiesenschwingel und Wiesenrispengras;
- Weiß-, Rot-, Hornschoten- und Gelbklee, Luzerne, Esparsette und Serradella, Vogelwicke und Erbsen-Wicken-Gemenge
- Wildkräuter, deren besonders wertvoller Gehalt an ätherischen Ölen, Enzymen, Vitaminen, Gerb- und Bitterstoffen wesentlich zur Belebung und Förderung des Stoffwechsels, des Blutkreislaufes, der Drüsenfunktionen und der Verdauung beiträgt.

Raufutter

Im Winter ist Heu die wichtigste Futtergrundlage mit gutem Nährstoffausgleich und einem hohen Rohfasergehalt. Ein aus hervorragenden Pflanzenbeständen gewonnenes Heu versorgt die Tiere mit allem, was sie benötigen. Die Tiere fressen es gerne, sie bleiben gesund, verfetten nicht und bringen mit Leichtigkeit einen guten Ertrag an Milch und Lämmern.

Heuqualität. Heu ist aber nicht gleich Heu. Sowohl beim Zukauf von Heu als auch bei der eigenen Ernte ist die Qualität von entscheidender Bedeutung. Qualitätseinbußen betreffen nicht nur die Nährstoffe, sondern auch Geruch und Geschmack. Die wählerischen Ziegen verschmähen minderwertiges Heu. Je mäßiger die Heuqualität, desto mehr Kraftfutter muss zugefüttert werden. Das ist nicht nur teuer, sondern entspricht auch nicht den ernährungsphysiologischen Grundsätzen. Was führt aber zu minderer Heuqualität?

- ➔ Bei zu später Mahd ändern sich mit fortschreitendem Wachstum Verdaulichkeit und Nährstoffgehalt. Der Rohfasergehalt steigt, Energie- und Eiweißgehalt gehen zurück.
- ➔ Wenn das Heu bei der Bodentrocknung verregnet, werden wertvolle Nährstoffe ausgewaschen.
- ➔ Durch unsachgemäßes Wenden der Mahd gehen die feinen Blätter nahrhafter Kräuter und Leguminosen verloren.
- ➔ Eine Wiese mit geringem Pflanzenbestand kann kein hervorragendes Heu liefern.

Bei der Box für den Bock, in der hier eine „Bure" untergebracht ist, kann der Futterplatz außen angeordnet werden. So wird die Versorgung erleichtert und Futterverlust vermieden.

Bei der Ernte ist unbedingt zu beachten:

- ➔ Geerntet wird das Heu, wenn die Pflanzen ihr Wachstum mit einem hohen Futterwert voll entfaltet haben. Das ist kurz vor der Blüte, beim ersten Schnitt gewöhnlich in den ersten Juniwochen. Der Tau muss abgetrocknet sein.
- ➔ Wenn maschinell geschnitten wird, sollten Sie darauf achten, dass die Schnitt-Tiefe des Grases nicht unter 6 cm liegt (Streichholzschachtel-Länge). Je mehr Grünmasse am Schaft bleibt, desto schneller erholt sich die Pflanze.

Trocknung. Um ein schnelles Trocknen mit möglichst wenig Verlusten zu erreichen, muss das Schnittgut so locker und luftig wie möglich gelagert werden. Das gelingt am besten durch das Hochschichten auf ein Holzgerüst. Das etwa einen Tag angewelkte Futter wird, ohne dass dabei Zwischenräume entstehen, auf einen Drei- oder Vierbock-Reuter (Heuhütte, Schwedenreuter) mit einer abschließenden, dicht gepackten Kappe aufgesetzt. Der Regen kann somit außen ablaufen.

Auf die Allgäuer Heinze (einem 1,60 m langen Pfahl mit drei 80 cm langen Stäben, die durch gegenständig gebohrte Löcher im Abstand von

Ein ungewöhnlich großes Exemplar eines Bockreuters. Die aufgesetzte abschließende Kappe und die Bodenfreiheit für die Durchlüftung des Schnittgutes sind gut zu erkennen.

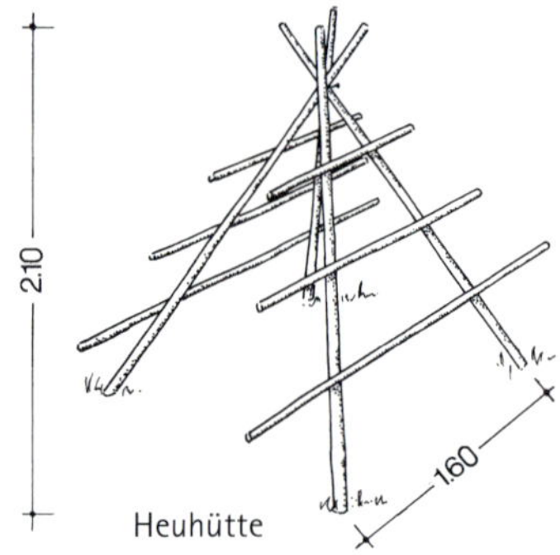

Heuhütte

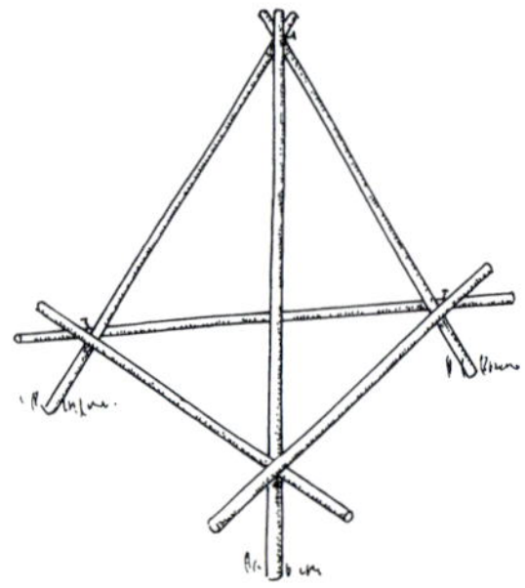

Dreibockreuter

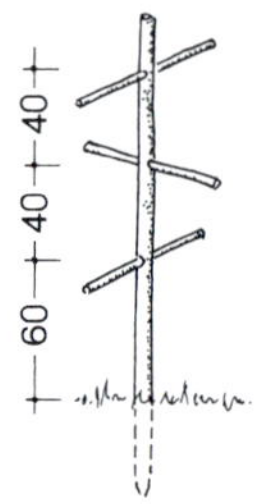

Allgäuer Heinze

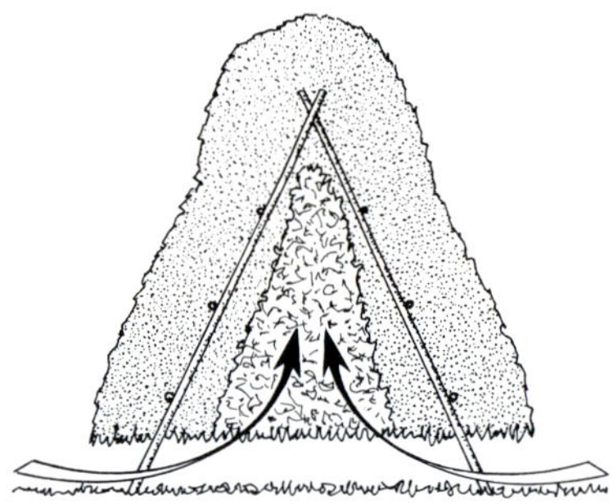

Für eine gute Durchlüftung muss beim Packen des Schnittgutes eine entsprechende Bodenfreiheit eingehalten werden. ▶

40 cm geschoben werden) kann zum Beispiel Klee oder Luzerne schon kurz nach der Mahd aufgesetzt werden.

Beim Bergen, je nach Wetterlage nach ein bis drei Wochen, verrät schon der würzige Duft, der sich durch eine leichte Gärung während der Trockenzeit entfaltet hat, dass das Heu von unübertrefflicher Beschaffenheit ist. Durch die wenigen Arbeitsgänge bleibt ein hoher Blattanteil erhalten.

Optimale Fütterung. Eine bessere Raufutteraufnahme ohne große Rückstände erreichen Sie, wenn Sie

→ einwandfreies, blattreiches Heu ohne harte Stängel verfüttern;
→ Raufen verwenden, denn in Krippen oder Futterkästen kann das Heu durch den Speichel der Tiere beeinträchtigt werden und es können sich Rückstände ansammeln;

→ frisches, duftendes Heu wiederholt in kleineren Mengen anbieten. Vorratsgaben, die den Geruch von Stall- oder Atemluft angenommen haben, verschmähen die geruchsempfindlichen Ziegen.

Variationen. Bereits mit dem Raufutter können Sie das Futter nach Nährstoffgehalten variieren und auch dem selektiven Fressverhalten der Ziegen entgegenkommen. Zum Beispiel durch eine von den Ernten des ersten und zweiten Schnittes zusammengestellte Futterration. Heu und Grummet unterscheiden sich sowohl in der Struktur als auch durch die Art und Anzahl der Kräuter.

Ebenso können Sie die Eiweißkomponente durch Beigabe von Leguminosenstroh heben beziehungsweise durch die Zufütterung von Haferstroh senken. Da es ohnehin zur Einstreu verwendet wird, die Tiere aber nicht gerne vom Boden aufnehmen, können Sie die Einstreu über die Futterraufe laufen lassen. Die Tiere nehmen davon dann nach Bedarf auf.

Frischfutter, Saftfutter

Ziegen mögen eigentlich alles, was auf dem Feld und im Garten gedeiht. Einiges können Sie in die Futterrationen mit einbeziehen, anderes wird eher nebenbei ohne Berechnung zum Verwöhnen gegeben.

Wurzelfrüchte (Saftfutter). Futter-, Kohl- und Zuckerrüben sowie andere Wurzelfrüchte sind ein schmackhaftes Beifutter, das die Futterration belebt und auch einen Eiweißüberschuss auszugleichen vermag. Abgesehen davon sollte auch das erdhafte Organ der Pflanze in der Tiernahrung nicht fehlen. Möhren und Rote Bete werden von den Ziegen gern genommen. Im Garten angebaut gehören sie zu den Verwöhn-Portionen. Durch ihren hohen diätischen Wert wird die Fruchtbarkeit und vor allem die Jungtier-Entwicklung gefördert sowie dem Wurmbefall vorgebeugt.

Gemüseabfälle und gefallenes Kernobst können zur Futterabwechslung gegeben werden, sie müssen frisch und sauber sein. Kartoffelschalen sollten abgekocht werden. Vom Verfüttern roher Kartoffeln wird dagegen wegen der möglichen Gefahr des giftigen Solanins abgeraten.

Zweige und Blätter. Ziegen mögen Büsche und Sträucher „zum Fressen gerne". Auf der Weide müssen Sie die Bäume aber vor ihnen schützen, da sie sonst auch die Rinde gezielt abknabbern.

Hecken- und Obstbaumschnitt wird gern von den Tieren abgeräumt. Zur Abwechslung können Sie auch einen belaubten Zweig an den Zaun oder die Futterraufe klemmen.

In Zeiten ohne Zufütterung kann der Mineralstoffbedarf auch durch Mineralsalz-Lecksteine gedeckt werden, die Sie auf der Weide oder im Stall anbringen.

Kraftfutter, Zusatzfutter

Eiweißreiche Futtermittel wie Hafer, Gerste, Mais, Hülsenfrüchte, Weizenkleie, Sojaschrot oder melassierte Trockenschnitzel mit einem hohen Nährstoffgehalt können als Zusatzfutter verabreicht werden, wenn der jeweilige Leistungszustand es erforderlich macht oder wenn der Nährstoffbedarf durch mangelhaftes Grün- und Raufutter nicht gedeckt werden kann. Es ist jedoch widersinnig, ausgerechnet Ziegen, die wie kein anderer Wiederkäuer darauf eingestellt sind, nährstoffarmes Futter vorzüglich zu verwerten, Kraftfutter in größeren Mengen zuzuteilen, um Leistungssteigerungen übermäßig zu forcieren.

Mineralstoffe. Die für die Lebensprozesse, besonders während des Wachstums, der Trächtigkeit und der Laktation benötigten Mineralstoffe müssten eigentlich im naturbelassenen Futter ausreichend enthalten sein. In Hinblick auf die zunehmenden Qualitätsverluste jeglicher Futtermittel sollten Sie dem Futter jedoch handelsübliche Mineralstoffmischungen beigeben. Diese versorgen die Tiere garantiert mit allen lebensnotwendigen Mineral- und Nährstoffen.

Tränke

Der Wasserbedarf lässt sich nicht genau errechnen, da die Wassergehalte im Futter, die Lufttemperatur und die Luftfeuchtigkeit dabei eine Rolle spielen. In der Regel benötigen die Tiere täglich sechs bis neun Liter. Während der Laktation oder an heißen Sommertagen ist der Bedarf aber entsprechend höher.

Wenn das Futter einen hohen Wassergehalt hat, können Tiere, die keine Milch geben, auch ohne Wasser auskommen. Wichtig ist die Qualität des Wassers. Ziegen reagieren empfindlich auf verunreinigtes oder auch zu kaltes Wasser.

Bewertung der Futtermittel

Jeder Organismus braucht für seinen Aufbau Eiweiß (Proteine) und für seine Leistungen Energie (Kohlenhydrate, Rohfaser). Die DLG-Futterwerttabellen für Wiederkäuer vermitteln einen Überblick über die Nährstoffgehalte verschiedener Futtermittel. Sie sind 1997 neu herausgegeben worden, nachdem an die Stelle der bisherigen Bewertung nach Stärkeeinheiten ein besser fundiertes Bewertungssystem getreten ist. Es vermittelt Werte für die umsetzbare Energie zur Milchbildung und definiert die Netto-Energie-Laktation neu.

Die umsetzbare Energie (ME) ist die Differenz aus der mit dem Futter aufgenommenen Bruttoenergie und der Energieausscheidung in Form von Kot, Harn und Gärungsgasen. Die Netto-Energie-Laktation (NEL) ist diejenige Differenz, die nach einer weiteren Energieausscheidung für die Stoffwechselwärme noch für die Milchbildung zur Verfügung steht.

Die Tabellen enthalten die energetische Bewertung der Futtermittel nur für Aufzucht- und Mastrinder sowie Schafe. Für den Ziegenhalter, der keine handelsüblichen Futtermischungen verwenden will, können sie aber dennoch eine Hilfe zum Kennenlernen verschiedener Futtermittel und deren Stoffverhältnisse sein. Nur durch ausreichende Kenntnisse lassen sich schwerwiegende Fütterungsfehler vermeiden, da sowohl eiweiß- als auch energiereiche Futtermittel für alle Wiederkäuer hinsichtlich der Pansenverdauung von besonderer Bedeutung sind.

Zur Beurteilung der Futtermittel helfen folgende Angaben in den Futterwerttabellen:

- ➔ die Trockenmasse (T) je kg Futter, von der eine 50 kg schwere Ziege etwa 2 kg aufnimmt;
- ➔ den Rohfasergehalt (XF), der in der Gesamtfutterration mindestens 20 % betragen muss, um die Pansenverdauung zu aktivieren;
- ➔ das nutzbare Rohprotein (nXP) als Eiweißkomponente;
- ➔ die umsetzbare Energie (ME) für die aufbauenden Prozesse, Maßeinheit Mega-Joule (MJ);
- ➔ die Netto-Energie-Laktation (NEL) für die Milchbildung, gemessen in Mega-Joule (MJ).

Beispiele für den Nährstoffgehalt einiger Futtermittel (DLG 1977)

Futtermittel	T	je kg Trockenmasse XF	nXP	ME	NEL
	g	g	g	MJ	MJ
Grünfutter, eiweiß- und kleereich	180	229	145	10,79	6,50
Grünfutter, rohfaser- und strohreich	180	247	139	10,45	6,27
Heu, klee-/kräuterreich, 1. Schnitt	860	297	116	8,84	5,14
Haferstroh	860	440	80	6,74	3,73
Mohrrüben	110	93	150	12,15	7,71
Futterrüben, gehaltvoll	150	64	149	11,96	7,57
Obsttrester (Apfel)	220	216	115	9,68	5,67
Trockenschnitzel (Zuckerrübe)	900	145	145	12,47	7,93
Melasseschnitzel, 16 % Zucker	910	157	164	12,09	7,61
Hafer	880	116	140	11,48	6,97
Gerste	880	57	164	12,84	8,08
Mais	880	26	164	13,29	8,39
Weizenkleie	880	134	140	9,92	5,86
Ackerbohnen	880	89	195	13,62	8,61

T = Trockengewicht je kg Futter; XF = Rohfasergehalt; nXP = nutzbares Eiweiß; ME = umsetzbare Energie; NEL = Netto-Energie-Laktation

Rohfaser und Eiweiß. Aufgrund ihrer Abhängigkeit von den Mikroorganismen des Pansens sind Wiederkäuer auf ein ausgeglichenes Verhältnis von Energie zu Eiweiß in der Nahrung angewiesen. Die unterschiedlichen Werte energie- (rohfaser-) oder eiweißreicher Futtermittel lassen sich in der Tabelle gut ablesen. So hat das eiweiß- und kleereiche Grünfutter im Gegensatz zum rohfaser- und strohreichen Grünfutter einen niedrigeren Rohfasergehalt (XF) und dafür einen höheren Gehalt an nutzbarem Eiweiß (nXP). Entsprechend höher oder niedriger sind auch die Werte für die umsetzbare Energie (ME) und die Netto-Energie-Laktation (NEL). Besonders deutlich fallen die Unterschiede zwischen Haferstroh und Ackerbohnen auf.

Trockenmasse. Rein rechnerisch können die Werte der Trockenmasse (T) Aufschluss über die tägliche Futteraufnahme geben. Die höchste Futteraufnahme, die bei einer 50 kg schweren Ziege täglich 12 bis 14 kg betragen kann, lässt sich mit Grünfutter erzielen, dessen Trockensubstanz durch den hohen Wassergehalt nur 180 g je kg Weidefutter beträgt. So nimmt das Tier, ausgehend von einem Fassungsvermögen von 2 kg Trockenmasse, etwa 11 kg Futter auf. Die Aufnahme vermindert sich jedoch bei Zufütterung von nur 0,5 kg Heu, das eine Trockensubstanz von 860 g je kg Raufutter enthält, auf 8,7 kg.

Futterbewertung. Die Futteraufnahme hängt ab von der Güte, Struktur und Verdaulichkeit des Futters und kann stark schwanken. So hilfreich Futterberechnungen und Empfehlungen sein können, die Prüfung des vorrätigen Futters ist unerlässlich. Letztlich bestimmen Aussehen, Griff, Geruch und Geschmack das Maß der Rationen.

Im Zweifel kann der bei den Landwirtschaftkammern beziehungsweise Landwirtschaftsämtern zuständige Futtermittelberater gebeten werden, das Futter auf seine angemessene Beschaffenheit und die jeweils zugewiesene Menge zu beurteilen und entsprechende Empfehlungen auszusprechen.

Futterrationen

Musterrationen

In der DLG-Futterwerttabelle werden die Ziegen nicht berücksichtigt, ihr Nährstoffbedarf unterscheidet sich aber von denen der Schafe nicht wesentlich.

Das auf Seite 57 (oben) stehende Beispiel für die Winterfutter-Ration für Schafe lässt sich gut auf die Ziegenfütterung übertragen.

Winterfutter-Ration: Körpergewicht 55–60 kg, Milchleistung 2 kg mit 3,5 % Fett oder hochtragend (nach Löhle/Leucht 1997)

kg	Futtermittel	T g	XF g	nXP g	ME MJ	NEL MJ
2,0	Markstammkohl	280	424	276	20,14*	12,42*
1,0	Heu, gute Qualität	860	275	127	9,41*	5,54*
0,5	Haferstroh	215	110	20	1,69	0,94
1,0	Möhren	110	93	150	12,15	7,71
0,2	Weizenkleie	176	27	28	1,98	1,17
25 g	Mineralstoffgemisch					
7,7	Futtermittel gesamt	2121	1304	991	73,04	45,87

* Werte sind unsicher und können nur als Anhaltspunkte dienen
T = Trockengewicht je kg Futter
XF = Rohfasergehalt
nXP = nutzbares Eiweiß
ME = umsetzbare Energie
NEL = Netto-Energie-Laktation

In der Praxis werden Sie natürlich nicht die Futterrationen als täglich variierendes Menü nach den Futtermitteltabellen zusammenstellen und jede Portion einzeln abwiegen.
Seit eh und je wird mit der Futterschaufel gemessen. Dabei werden verhältnismäßig einfache Futterrationen zusammengestellt, die Sie natürlich gelegentlich zur Abwechslung variieren können.

Kraftfuttermischungen

Außer der Grundnahrung (Grün- und Raufutter) zur beliebigen Aufnahme werden einfache Mischungen aus Hafer, Gerste, Mais, Weizenkleie oder Trockenschnitzel zusammengestellt. Hafer gehört wegen seines hohen Rohfasergehaltes und seines hochwertigen Eiweißes zu den für die Fütterung am besten geeigneten Kraftfuttermitteln. Getreide muss gebrochen werden, fein geschrotet beeinflusst es die Schmackhaftigkeit. Gewöhnlich wird gequetschtes Getreide verwendet und mit Trockenschnitzeln oder Weizenkleie (beides eingeweicht) erdfeucht gemischt.

Beispiele verschiedener Kraftfuttermischungen mit abnehmendem Energie-Eiweiß-Verhältnis je kg Kraftfutter

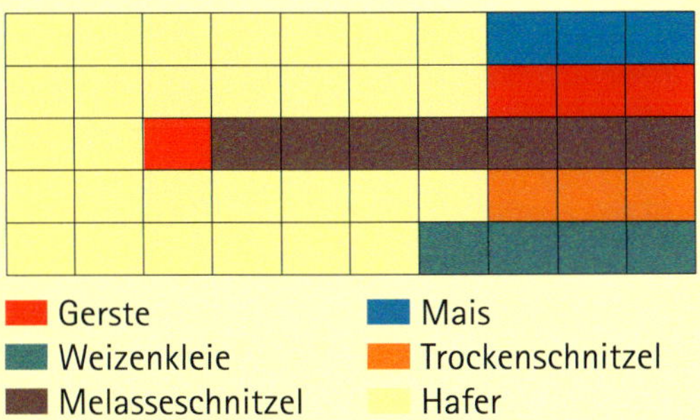

Nr.	Kraftfuttermischung	XF/nXP	1:X
1		89/147	1:1,7
2		98/147	1:1,5
3		138/159	1:1,2
4		125/142	1:1,1
5		124/110	1:0,9

Praktische Fütterung

Während güste (trockene, nicht milchgebende) Tiere nur Futter brauchen, um eine gute körperliche Verfassung zu erhalten (Erhaltungsfutter), müssen trächtige oder milchgebende Muttertiere besser ernährt werden, um die erhöhten Energieleistungen auszugleichen (Leistungsfutter). Gleichermaßen muss das Wachstum der Lämmer bei Milchmangel oder dürftiger Weide mit kräftigen Futterrationen unterstützt werden (Aufzuchtfutter).

Ein Beispiel aus der Praxis

jeden 2. Tag: Ein 5-Liter-Eimer der Kraftfuttermischung Nr. 3 für 14 Ziegen:

750 ml	Zuckerrübenschnitzel (Melasse)	200 g
250 ml	Hafer/Gerste (gequetscht)	150 g
1000 ml	Kraftfuttermischung	350 g x 5 = 1750 g

Fütterung je Tier (jeden 2. Tag): 1750 g (5000 ml) Kraftfutter : 14 Tiere = 125 g (350 ml)

je Tier und Tag: ~ 65 g (175 ml) = zwei Hände voll Kraftfutter

Erhaltungsfutter. Eine gute Weide deckt den täglichen Bedarf, doch sollte auch Heu ständig zur Verfügung stehen. Ziegen wissen instinktiv, wann sie es brauchen, sei es für den Nährstoffausgleich bei einem satten Frühjahrsaufwuchs, sei es zur Futterabwechslung oder bei dürftigem Weideaufwuchs. Über die Wintermonate bekommt jedes Tier zusätzlich am Tag zwei Hände voll Kraftfutter.

Art und Maß des Winterfutters hängt von der Heuernte ab. War sie gut und reichlich, können Sie es mit der Raufuttergabe bewenden lassen. Die Tiere freuen sich jedoch auch über eine Abwechslung. Bei einer schlechten Ernte müssen Sie entsprechend zufüttern. Das Beispiel aus der Praxis kann Ihnen dabei als Orientierungshilfe dienen.

Leistungsfutter. Das Futter muss um so gehaltvoller sein, je höher die Belastungen durch den jeweiligen Zustand der Tiere sind. Während in den ersten Monaten der Trächtigkeit das Erhaltungsfutter ausreicht, muss in den letzten sechs bis acht Wochen vor dem Ablammen mit langsam steigenden Mengen kräftiger zugefüttert werden. In dieser Zeit hat die Futterversorgung den größten Einfluss auf das Geburtsgewicht der Lämmer. Durch eine zu gut gemeinte Fütterung kann allerdings das Ungeborene so schwer werden, dass eventuell Schwierigkeiten beim Ablammen auftreten. Wegen des eingeengten Verdauungsraumes sollte von einer Fütterung mit Rüben möglichst abgesehen werden. In der Säugezeit muss die Futtergabe, jeweils nach Zahl der Lämmer und bis zu einer Zunahme der Laktation bis 2 kg/Tag, weiter gesteigert werden.

Milchziegen haben eine lange Leistungsphase. Entweder sie sind trächtig oder sie werden gesäugt bzw. gemolken. Die Milch „strömt" nur, wenn gut gefüttert wird. Ein fürsorglicher Ziegenhalter strebt aber sicher keine Höchstleistungen von 2000 kg an, sondern begnügt sich mit zuträglichen (und realistischen) Mengen von etwa 900 kg Milch im Jahr. Das sind im Mittel der gesamten Laktationsdauer von etwa 300 Tagen 3 kg je Tier und Tag. Gute Milchziegen geben darüber hinaus ohne weiteres zwei Jahre hindurch fast gleichbleibende Mengen Milch.

Aufzuchtfutter. Gesunde Weidelämmer erbringen auch ohne spezielles Mastfutter eine hervorragende Fleischqualität. In einigen Fällen ist ein Aufzuchtfutter mit einem relativ engen Eiweiß-Energie-Verhältnis allerdings unerlässlich: Mutterlose Lämmer, Problemlämmer (Dritt- und Viertlämmer) oder solche, die wegen mangelnder Milch nicht satt werden, erhalten drei bis fünfmal täglich etwa 200 bis 300 ml Milchaustauscher je Mahlzeit (200-225 g/pro Liter Wasser; siehe Seite 71). Nach etwa zehn Tagen werden dazu gutes Heu und geringe Mengen Kraftfutter gegeben, die bis zum Absetzen des Milchaustauschers stetig bis auf etwa 65 g je Tag gesteigert werden. Süße Melasseschnitzel werden besonders gerne gefressen und tragen wesentlich zur frühen Aufnahme von „fester Kost" bei.

Beurteilung des Futterzustands

Wenn Ziegen ihre Haare aufstellen, weil sie frieren, dann bekommen sie nicht genug zu fressen. Wegen des dünnen Haarkleides und mangelndem Unterhautfett sind sie für ihren Wärmehaushalt auf die Gärungswärme des Pansens angewiesen. Ist der Pansen nicht ausreichend gefüllt, kann die „Heizung" nicht funktionieren. Bei extrem unzureichender Futteraufnahme zittern die Tiere, ziehen den Hals ein und stellen das Haar am Becken auf.

Bei dürftiger Weide mit fehlendem Lämmerschlupf bekommen auch Sauglämmer nach dem Absetzen Aufzuchtfutter, an das sie behutsam gewöhnt werden müssen und das, nach und nach zunehmend, 0,5 Liter nicht übersteigen sollte.

Beispiele für Futterrationen je Tier (50–60 kg) und Tag
Kraftfuttermischung Nr. 3 (40 g entsprechen etwa einer Handvoll)

Erhaltung	hochtragend	1 Lamm	2 Lämmer	1 kg Milch	2 kg Milch
65 g	100 g	130 g	200 g	130 g	200 g

Beispiele für Aufzuchtfutter-Rationen in besonderen Fällen
Kraftfuttermischung Nr. 3 (40 g entsprechen etwa einer Handvoll)

	Absetzen nach	Gewicht	Aufzuchtfutter
Tränklämmer/ Sauglämmer	6–8 Wochen	15 kg	32 g zunehmend bis 65 g
Milchziegen	10–13 Wochen	25 kg	65 g zunehmend bis 130 g
Fleischziegen	16–20 Wochen	35 kg	130 g

Saanenziege

Die Saanenziege ist reinweiß und kurzhaarig. Häufig finden sich am ganzen Körper Pigmentflecken, die aber nur die Haut betreffen und deshalb besonders an schwach behaarten Körperteilen sichtbar sind. Sie kommt sowohl hornlos als auch behornt vor.

Die mittlere Jahresmilchmenge beträgt 750 Liter, jedoch gibt es Spitzenleistungen mit 3500 Litern im Jahr. Darüber hinaus liefert sie auch schmackhaftes Fleisch und Häute.

Die in der ganzen Welt bekannteste und erfolgreichste Schweizer Milchziege stammt ursprünglich aus dem Saanenland und dem Obersimmental (westliche Berner Alpen). Bereits 1890 haben sich Züchter zu einer Zuchtgenossenschaft zusammengefunden, um Zucht und Export planmäßig betreiben zu können. Vielfach hat die „Saane" durch Einkreuzung in deutsche weiße Schläge dazu beigetragen, den Standard der Weißen Deutschen Edelziege zu festigen.

	♂	♀
Widerristhöhe (cm)	80–95	75–85
Gewicht (kg)	75	50

Tauernschecke

Die Tauernschecke ist eine kurzhaarige Ziege mit kräftigem Fundament, die braunweiß, schwarzweiß oder dreifarbig gescheckt vorkommt. Die Flecken befinden sich vornehmlich am Rücken und an der Schulter. Das hoch angesetzte, straffe Euter ermöglicht viel Bodenfreiheit. Beide Geschlechter sind behornt.

Die Milchleistung ist gut. Die Fruchtbarkeit liegt bei 200 %. Frohwüchsige Lämmer erreichen bei Aufzucht an der Mutter mit acht Wochen ein Gewicht von 14 bis 16 kg.

Ursprünglich im Krumltal (Tauern) beheimatet, wird sie seit den 60er Jahren planmäßig gezüchtet. In Österreich zählt sie zu den gefährdeten Haustierrassen. Sie zeichnet sich durch Gesundheit, Robustheit, Fitness und Anspruchslosigkeit aus.

	♂	♀
Widerristhöhe (cm)	80	75
Gewicht (kg)	70	55–60

Thüringerwald Ziege

Die mittelgroße und kräftig gebaute Thüringerwald Ziege hat ein schokoladenbraunes Fell ohne Aalstrich, helle Beine und eine ausgeprägte Gesichtsmaske mit einem weißlichen Streifen von oberhalb des Auges bis zur Oberlippe. Die Stehohren und das Maul sind weiß gesäumt.

Die anspruchslose und widerstandsfähige Ziege liefert sowohl etwa 1000 Liter 3,9 % fettreiche Milch im Jahr als auch vorzügliches Fleisch und Häute.

Die Thüringerwald Ziege entstand gegen Ende des 19. Jahrhunderts durch die Einkreuzung von Toggenburger Ziegen in die bodenständigen grau bis graubraunen Thüringer Landschläge. Nachdem sie erfolgreich zum einheitlichen Typ gezüchtet worden war, erhielt sie 1935 den Namen Thüringerwald Ziege. Nach dem Krieg ging der reiche Bestand durch die Umstrukturierung der Landwirtschaft stark zurück.

	♂	♀
Widerristhöhe (cm)	80–85	70–75
Gewicht (kg)	65–75	50–60

▼

▲

Toggenburger Ziege

Die Toggenburger Ziege ist hellbraun bis mausgrau. Manche Tiere tragen am hinteren Körper einen langhaarigen „Mantel". Die unteren Beine und die Umgebung des Afters sind weiß. Von den helleren Ohren bis zum weißen Maul ziehen helle Streifen. Sowohl hornlos als auch behornt vorkommend, schmückt sie sich mit Bart und „Glöckchen".

Die mittlere Jahresmilchmenge liegt bei 700 bis 800 Litern, darüber hinaus liefert sie delikates Fleisch und Häute.

Ursprünglich kam die ertragreiche Rasse, die bereits 1802 erwähnt wird, lediglich in Toggenburg im Kanton St. Gallen vor, bis sie sich langsam ihr heutiges Rassegebiet in der Schweiz, Großbritannien, Nordamerika und Süddeutschland erobert hat. Importe nach Deutschland erfolgten um die Jahrhundertwende.

	♂	♀
Widerristhöhe (cm)	75–85	70–80
Gewicht (kg)	65–75	45–50

Nachwuchs

Wir halten die Ziegen nicht nur wegen des Nutzens von Fleisch, Milch und Fellen, sondern auch, weil wir Freude an den Tieren haben.

Der Kauf eines im Frühjahr abgesetzten Lammes, das als Mastlamm im Herbst geschlachtet wird, ist nicht Thema dieses Buches. Wer die Tiere in seinen Lebensbereich einbezieht, lässt sie auch ihre natürlichen Lebensrhythmen ausleben. Dazu gehört auch alles rund um das Thema Nachwuchs. Dennoch sollten Sie die Sorge um den Nachwuchs nicht einfach dem Zufall überlassen. Denn dann kann es passieren, dass es im Verlauf von wenigen Generationen zu Ertragseinbußen kommt. Vor allem bei den „Gebrauchsziegen“, die im besonderen Maße Milch und Fleisch liefern, sollten Sie eine gezielte Vererbung anstreben, um die bisher erreichten Leistungen zu erhalten und möglichst noch zu verbessern.

Zucht

Zwingend geboten ist eine gezielte Zucht aber auch bei den Tieren, bei denen weniger die Leistung als vielmehr die besondere Rasse gefragt ist:

Neben dem Erhalt der Rasse werden als Zuchtziele folgende positive Eigenschaften angestrebt:

- gute Futterverwertung,
- Widerstandsfähigkeit, Robustheit,
- Langlebigkeit
- hohe Milch- beziehungsweise
- gute Fleischleistung.

Das Säugen an der Mutter ist die einfachste Aufzuchtmethode.

Bei einer artgerechten Haltung sollte den Tieren auch die Möglichkeit der natürlichen Fortpflanzung gegeben werden.

Hier gilt es, die rassetypischen Merkmale zu sichern und die Art zu erhalten. Das setzt aber besonders bei den selten gehaltenen und gefährdeten Rassen hohe Anforderungen voraus. Wenn nur wenige Haltungen einer dieser Rassen weit auseinander liegen, ist es unter Umständen schwierig, immer wieder „frisches Blut" einzupaaren und damit Inzuchten zu vermeiden.

Zuchtbuch

Die jeweiligen Landes-Ziegenverbände (Adressen siehe Anhang) betreuen die in ihrem Land gehaltenen Rassen und führen das Zuchtbuch, in das alle Zuchtvorgänge, Abstammungen und Leistungen eingetragen werden. Aufgenommen werden nur Tiere, deren Abstammung bis zu den Großeltern zurückverfolgt werden kann und solche, die die im Zuchtprogramm aufgeführten Mindestbedingungen hinsichtlich des Rassestandards und der Leistungen erfüllen.

Die Zuchtbuchordnung unterscheidet lediglich zwischen Milch- oder Fleischleistungen, die alle Rassen betreffen. Der Verband setzt aber die Mindestleistungen nach der Eigenart der einzelnen Rassen fest. Zu bestimmten Terminen werden Milch- oder Fleischleistungsprüfungen anberaumt, deren Ergebnisse in das Zuchtbuch eingetragen werden. Sind sie mindestens ausreichend, kann mit dem betreffenden Tier weitergezüchtet werden.

Abstammungsnachweis

Durch die Selektion kann eine wünschenswerte Reinzucht und ein an die jeweilige Rasse angepasster Leistungsstandard erreicht werden. Wer sich für den Erwerb einiger Ziegen interessiert, sollte sich von dem zuständigen Landesverband beraten lassen, um böse Überraschungen auszuschließen. Durch die in der Zuchtordnung vorgeschriebene Tätowierung der Lamm- oder Lebens-Nummer im rechten Ohr können Sie sofort erkennen, ob die Ziege in das Herdbuch eingetragen ist.

Fortpflanzung

Außer einigen tropischen Rassen mit asaisonalem Brunstverhalten (zum Beispiel Burenziegen) ist die Fortpflanzungszeit bei den Ziegen, im Gegensatz zu Rindern, noch in jahreszeitliche Rhythmen eingeflochten. Wie bei ihren Vorfahren verlaufen Brunst, Trächtigkeit und Ablammen zeitlich so, dass die Lämmer in das üppige Nahrungsangebot des Frühjahres hinein- und mit den zunehmenden Sonnenkräften aufwachsen können.

Geschlechtsreife

Die Geschlechtsreife tritt bei den weiblichen Tieren nach fünf bis sieben Monaten ein, so dass sie bereits im ersten Lebensjahr gedeckt werden könnten und somit schon mit 15 Monaten ablammen würden. Doch ist eine solch zeitige Belegung wenig empfehlenswert. Selbst bei einem ausreichenden Mindestgewicht von 40 kg ist die körperliche Entwicklung mit 15 Monaten noch lange nicht abgeschlossen. Durch die Belastung einer frühen Trächtigkeit werden sowohl das Gedeihen des Muttertieres als auch der Ertrag beeinträchtigt (schwache Lämmer, geringe Milchleistung). Eine fürsorgliche Haltung nimmt gerne das „verlorene Jahr" in Kauf und erfreut sich dafür später gesunder und kräftiger Mütter und Lämmer.

Fruchtbarkeit

Für einen gewissenhaften Halter wäre es unsinnig, durch eine forcierte Fütterung während der Paarungszeit (das so genannte „flushing") die Fruchtbarkeit beeinflussen und Mehrlingsgeburten bis zu Vierlingen erzwingen zu wollen. Das Euter der Ziege hat nur zwei Zitzen.

Im Allgemeinen beträgt die Fruchtbarkeit bei einer normalen Haltung im Durchschnitt der Lebensjahre und der Rassen 150 bis 200 %. Ab acht Jahren nimmt die Fruchtbarkeit merklich ab, obwohl die Lebenserwartung bei etwa 15 Jahren liegt.

Der Nachwuchs sollte sich auf höchstens zwei Lämmer beschränken, um

- → Streitereien und Euterverletzungen zu vermeiden,
- → eine robuste und widerstandsfähige Entwicklung zu sichern,
- → die Geburt nicht zu komplizieren,
- → sich den Aufwand einer künstlichen Aufzucht zu ersparen.

Paarungszeit

Als äußere Brunsterscheinungen gelten

- → häufiges Meckern,
- → gehäuftes Kot- und Harnabsetzen,
- → Unruhe,
- → Schwanzwackeln,
- → Rückwärtsschauen,
- → Schwellung und Rötung der Schamlippen,
- → Duldungsreflex.

Die Paarungszeit wird durch die Sonnenrhythmen des Jahres gesteuert. Sie beginnt im August bis September, wenn die Tage zum Herbst hin deutlich kürzer werden und lässt mit wieder spürbar zunehmender Tageslichtlänge nach.

Die Ziegenrassen aus tropischen Ursprungsländern (Ovambo, Buren) haben kein strenges saisonales Brunstverhalten, da in diesen Bereichen die Tag- und Nachtgleiche keine typischen Reaktionen auslösen kann. Es ist vielmehr die Folge des durch den Wechsel von Trocken- und Regenzeit unterschiedlichen Futterangebots.

Brunst

Die so genannte hitzige Phase dauert etwa 32 bis 40 Stunden. Sie lässt sich meist an dem auffälligen Verhalten der Muttertiere erkennen. Das sicherste Zeichen der Paarungsbereitschaft ist der Duldungsreflex. Drückt man mit den Fingerspitzen auf die Kreuzbeingegend, dann bleiben brünstige Tiere mit eingesenktem oder gekrümmtem Rücken stehen und verstärken das Schwänzeln.

Deckakt

Die günstigste Zeit für das Decken ist etwa zwölf Stunden nach Auftreten der Brunstsymptome. Eine zweimalige Bedeckung im Abstand von einigen Stunden sichert den Erfolg. Wird die Paarungsbereitschaft übersehen oder ist der Deckakt erfolglos geblieben, wiederholt sich die Brunst nach etwa 21 Tagen.

Bei frei laufenden Weidetieren vollzieht sich der Deckakt harmonischer und problemloser als wenn die brünstige Ziege zum Bock geführt wird. Das naturgemäße Umfeld, die unbefangene Befindlichkeit, eine vorausgehende gegenseitige Stimulierung der Partner sowie der Sprung zum optimalen Belegungszeitpunkt gewährleisten ein gutes Befruchtungsergebnis und lassen eine hohe Fruchtbarkeit erwarten.

Laktation

Werden Ziegen wieder trächtig, beträgt die Milchabsonderung 270 bis 300 Tage. Bei anhaltender Laktation müssen sie mindestens 60 Tage vor dem Ablammen durch reduziertes Melken trockengestellt werden, damit sich das Euter zurückbilden und regenerieren kann.

Um während der Trockenstellung nicht ganz ohne Milch zu sein, sollten Sie die gesamte Dauer der Deckzeit ausnutzen und eine Ziege am Anfang und eine andere am Ende zum Bock lassen.

Geburt

Bei den robusten, winterharten Rassen ist die Ablammung auf der Weide ein natürlicher Vorgang, der selbst im Schnee problemlos vor sich geht. Der ständige Weidegang bei jedem Wetter lässt die Tiere abhärten. Durch das volle Eingebundensein in die Natur sind alle Voraussetzungen für ein ungefährdetes Geburtsgeschehen gegeben.

Aufgestallte Tiere sind dagegen nicht mehr so unmittelbar mit der Natur verbunden. In den meisten Fällen verläuft aber auch hier die Geburt (140 bis 162 Tage nach der Paarung) ohne Komplikationen. Zur Absicherung sollten Sie jedoch einen fachkundigen Helfer oder Tierarzt zu Rate ziehen, denn die richtigen Verhaltensregeln bei einer Vielzahl von möglichen Fehllagen lassen sich nur durch praktische Unterweisungen erlernen.

Vorsorge und Geburtsphasen

Die tägliche Bewegung des trächtigen Tieres im Freien stärkt Muskeln, Herz und Lunge, beschleunigt dadurch den Geburtsverlauf und verringert das Auftreten von Fehllagen und Schwergeburten. Auf jeden Fall sollten

Anzeichen der Vorbereitungsphase sind zum Beispiel:

- → Vergrößerung bis Prallwerden des Euters,
- → häufiges Niederlegen und Wiederaufstehen,
- → unruhiges Verhalten, Kopfwenden zum Hinterteil,
- → Einfallen der Flanken,
- → Rötung und Anschwellen der Schamlippen.

daher die trächtigen Ziegen wenigstens in den letzten sieben Wochen vor dem Ablammen täglich mindestens eine halbe Stunde im Freien zügig bewegt werden.

Vorbereitungsphase. Die Lammbucht wird vor der Geburt gründlich gereinigt und mit frischem Stroh versorgt. Alle Holzelemente sollten mit biologischen Mitteln desinfiziert werden, um mögliche Infektionen frisch geborener Lämmer auszuschließen.

Da sich der Ablammtermin durch verschiedene Einflüsse noch ein wenig verschieben kann und das hochtragende Tier ein großes Ruhebedürfnis hat, sollten Sie es bereits am 140. Tag nach der Bedeckung in die Box bringen. Spätestens aber dann, wenn die Anzeichen der Vorbereitungsphase, die einige Stunden dauern kann, erkennbar werden. Von nun an sollte das Tier ständig beaufsichtigt werden.

Eröffnungsphase. In diesem Stadium wird der eigentliche Geburtsvorgang eingeleitet. Eine Verlegung in die Lammbox wäre nun nicht mehr möglich. Ruhe und das Vermeiden jeglicher Störung sind von nun an,

Geschafft! Bereits eine halbe Stunde nach der Geburt ist das Kleine auf den Beinen.

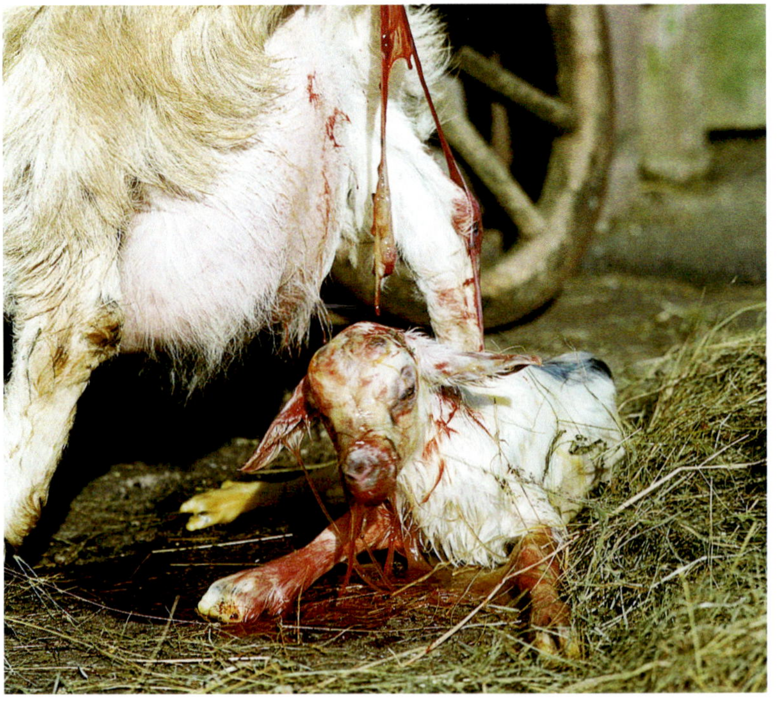

bis die Geburt vollendet ist und die Mutter ihr Lamm durch Ablecken angenommen hat, oberstes Gebot. Grelles Licht, lautes Sprechen, hastige Bewegungen oder auch fremde Personen können die Geburt um Stunden verzögern und das Risiko von Fehl- und Totgeburten ansteigen lassen.

Mit dem Einsetzen der Wehen wird der Geburtsweg durch das Hindurchpressen der Fruchtblase erweitert, die sichtbar wird und auf keinen Fall aufgestochen werden darf.

Sofort nach der Geburt leckt die Mutter ihr Neugeborenes ab und baut so eine enge Beziehung auf.

Austreibungsphase. Etwa 20 Minuten nach Erscheinen der Fruchtblase wird das Lamm geboren. Bei einer normalen Geburt kommt das Lamm in Vorderendlage zur Welt, mit dem auf den Vorderbeinen liegenden Kopf und ausgestreckten Hinterbeinen. Die Lage ist an der Stellung der zuerst erscheinenden Klauen zu erkennen, die man von oben sieht. Bei Steißgeburten (Hinterendlage) treten die Hinterbeine mit nach oben zeigenden Sohlen aus.

Geschieht etwa 60 Minuten nach Erscheinen der Fruchtblase noch gar nichts oder wird das Lamm nicht vollends ausgetrieben, ist unverzüglich der Tierarzt zu benachrichtigen. Sicherheitshalber sollten Sie ihn – zumindest bei Ihrer ersten Lammung oder der Erstgeburt eines Tieres – schon früher konsultieren. Werden mehrere Lämmer geboren, wiederholt sich der Geburtsvorgang nach 10 bis 20 Minuten.

Nachgeburt. Gibt es keine Schwierigkeiten, kümmert sich die Ziege sofort um das neugeborene Lämmchen und leckt es ab. Dadurch wird die Atmung angeregt, der Kreislauf belebt, das Fell getrocknet und die Mutter-Kind-Bindung aufgrund des Geruches, den die Mutter durch das Ablecken auf das Lamm überträgt, aufgebaut.

Die Nabelschnur reißt von selber ab. Da durch die Nabelöffnung Infektionskeime eintreten können, muss der Nabelstrang so in Jodtinktur getaucht werden, dass sie in das Nabelinnere eindringen kann.

Die Nachgeburt (Gesamtheit der Eihäute) geht bis zu zwei Stunden nach der Geburt ab. Mit ihrer Entfernung aus dem Stall und der Einstreu mit frischem Stroh ist die Geburt überstanden. Die Mutter sollten Sie mit ausreichend frischem Wasser versorgen, um den Flüssigkeitsverlust beim Lammen auszugleichen.

Lammfürsorge. Sie müssen sich aber ebenso noch um das Lämmchen kümmern. Ist es gesund und kräftig, wird es sich schon nach etwa einer halben Stunde auf die Beine stellen können und das Euter suchen. Beide Zitzen (Striche) sollten vom Halter vorher angemolken werden, um etwa vorhandene Zitzenpfropfen zu entfernen. Es ist für die Lebensumstände des Lammes sehr wichtig, dass es die erste Muttermilch (die so genannte Biestmilch) so bald wie möglich und ausreichend aufnimmt. Womöglich müssen Sie da ein wenig nachhelfen.

Notreserve

Da die Biestmilch durch nichts zu ersetzen ist und ein Mangel das Überleben des Lammes in Frage stellt, sollten Sie für Notfälle stets einen Vorrat Kolostrum einfrieren. Für die Entnahme dieser Reserve bleibt bei guter Verfassung der Mutter genügend Milch übrig. Ohnehin muss täglich ausgemolken werden, wenn das Euter von dem Lamm nicht vollständig geleert wird. Ansonsten besteht die Gefahr einer Euterentzündung.

Biest- oder Kolostralmilch. Die Biestmilch enthält zum einen hohe Zuckerkonzentrationen zur Ergänzung der geringen Energievorräte des Neugeborenen, die zur Aufrechterhaltung der Körperwärme schnell verbraucht werden. Zum anderen enthält sie vor allem Vitamine und lebenswichtige Schutzstoffe (Antikörper), deren Vorkommen nach der Geburt am größten ist und die nur in den ersten 24 Stunden unverdaut durch die Darmwand aufgenommen werden können. Bis zum 5. Tag nach der Geburt hat die Milch ihre normale Zusammensetzung erreicht und ist dann auch für den menschlichen Verzehr geeignet.

Aufzucht

Eine große Bedeutung in der Ziegenzucht kommt der Aufzucht der Lämmer zu. Dabei unterscheidet man zwei Methoden: Die natürliche Aufzucht, das Saugen lassen der Lämmer an der Mutter und die künstliche Aufzucht, das Tränken der Lämmer.

Säugen und Tränken

Das Säugen an der Mutter ist die natürlichste und einfachste Aufzuchtmethode. Dabei erhält das Lamm die Milch immer mit einer gleichbleibenden Temperatur. Das Aufziehen am Euter sichert eine gute Gewichtszunahme und die gesunde Entwicklung des aufwachsenden Lammes. Auftretende Verdauungsstörungen werden in der Obhut der Mutter besser auskuriert.

Saugt das Lamm das Euter nicht leer, weil das Angebot der Hochleistungsziege höher ist als der Bedarf, muss es ausgemolken werden. Die Milch können Sie dann weiterverwerten.

Das Tränken ist arbeits- und zeitaufwendiger, wird aber gern bei der Intensiv-Aufzucht angewandt. Diese Methode empfiehlt sich jedoch auch, wenn es Schwierigkeiten in der Entwöhnungsphase gibt, weil das Lamm hartnäckig am Euter hängt.

Beim Tränken können Sie dem Lamm die Milch nach und nach in geringer werdenden Mengen zuteilen. Um es an das Trinken aus einem kleinen Eimer zu gewöhnen, tauchen Sie eine saubere Hand in die 38 bis 40 °C warme (körperwarme) Milch. Einen Finger lassen Sie aus der Milch herausschauen. Sobald das Lamm an ihm zu saugen beginnt, nehmen Sie den Finger zurück und das Lamm sollte nun weiter und künftig ohne Hilfe trinken können. Wem das nicht gelingt, muss sich eine „Lämmerbar" anschaffen, ein gedeckeltes Milchgefäß, an dem unten Saugstellen mit Nuckeln angebracht sind.

Die „Lämmerbar" mit auswechselbaren Saugern erleichtert die Aufzucht mutterloser Lämmer oder das Absetzen vom Euter.

Milchaustauscher. Eine künstliche Aufzucht, wie sie in der Intensivmast üblich ist, bei der die Lämmer bereits nach wenigen Tagen abgesetzt und mit einem Milchersatz gepäppelt werden, um unter anderem den vollen Milchertrag ausnutzen zu können, sollte für einen vorbildlichen Ziegenhalter nicht in Frage kommen. Allerdings ist sie nicht zu umgehen, wenn die Mutter die Geburt nicht überlebt, keine Amme zur Verfügung steht oder bei Mehrlingsgeburten die Milch nicht ausreicht. In diesen Fällen wird sechs bis acht Wochen lang Tränke mit einem speziellen Milchaustauscher gegeben. Dies ist eine handelsübliche Pulvermischung aus Magermilch, Molke, planzlichen und tierischen Fetten, Weizenquellstärke, Spurenelementen und Antibiotika, die in 35 °C warmem Wasser angerührt wird.

Auch die Kleinsten, wie hier ein „buntes" Zicklein mit einem schönen Aalstrich, nehmen jede Gelegenheit zum Klettern wahr. Dazu genügt auch schon ein zusammengefallener Holzstapel.

Das Verfahren ist aufwendig. Es bedarf großer Sorgfalt bei der Verabreichung häufiger und zuträglicher Mengen sowie penibler Reinlichkeit, um Verdauungsstörungen durch angesäuerten Trank zu vermeiden.

Nutzungstypen

Die unterschiedliche Handhabung der Lämmeraufzucht wird in der artgerechten Haltung stärker durch die Nutzungstypen bestimmt als durch die Intensität der Aufzucht.

Fleischziegen-Lämmer. Zu den Fleischziegen gehören im Allgemeinen jene Rassen, deren Milchaufkommen für eine Nutzung nicht ausreicht. Die Milch dient ausschließlich der Aufzucht der Lämmer, die so lange saugen wie ihre in Freiheit lebenden Verwandten.

Während die Muttermilch nach drei bis fünf Monaten allmählich versiegt, bildet sich der Pansen vollständig aus. Wenn diese Lämmer über einen Lämmerschlupf vor den erwachsenen Tieren im frischen Aufwuchs weiden können, brauchen sie kein Kraftfutter.

Milchziegen-Lämmer. Da Milchziegen auf Milchüberschuss gezüchtet sind, müssen ihre Lämmer nach und nach abgesetzt werden. In der Regel ist das nach etwa drei Monaten möglich, ohne dass ein gesunder Aufwuchs darunter leiden würde. Das ist nicht immer ganz einfach, auch wenn wegen des niedrigen Mineralstoffgehaltes der Muttermilch das Verlangen nach anderem Futter schon frühzeitig geweckt wird. Wichtig ist, dass bereits nach der zweiten Lebenswoche Heu und Beifutter angeboten werden, damit die Pansenentwicklung beginnt. In schwierigen Fällen kann die Entwöhnung bis zu sechs Wochen dauern, in denen Sie Mütter und Lämmer getrennt halten müssen. Die Lämmer werden dann nur von Zeit zu Zeit zu den Müttern gelassen und langsam abgesetzt. Besser ist es jedoch, sie nur mit der Muttermilch zu tränken.

Kastration

Bocklämmer. Wenn Sie keine Zucht betreiben, müssen Sie sich bald entscheiden, wann Sie ein Bocklamm schlachten wollen. Soll es länger als drei Monate aufgezogen werden, sollte es möglichst früh kastriert werden. Bis zu einem Alter von vier Wochen ist das noch verhältnismäßig einfach durchzuführen. Ohne Betäubung ist die Kastration nur bis zur achten Lebenswoche zulässig, später muss sie vom Tierarzt vorgenommen werden.

Warum eine Kastration?

Mehr zweckmäßig als unbedingt notwendig wird sie angewandt, um
- zu verhindern, dass das Erbgut von Böcken, die zur Zucht ungeeignet sind, weiterverbreitet wird;
- Jungböcke mit weiblichen Tieren leichter aufziehen zu können: Mit erwachendem Geschlechtstrieb (ab drei Monaten möglich) kommt sonst Unruhe unter den Tieren auf;
- zu vermeiden, dass das Fleisch von Schlachtieren einen penetranten Bocksgeruch annimmt.

Methoden. Zwei unterschiedliche Verfahren werden angewendet: Entweder werden mit der Burdizzo-Zange, zwischen den einzelnen Hoden und dem Bauch angesetzt, die Samenstränge 30 Sekunden lang abgeklemmt. Oder aber ein Gummiring wird mit einer Spezialzange über den Hodensack geschoben und an der Bauchwand angesetzt. Nach etwa 14 Tagen fällt der Hodensack dann ab.

Walliser Schwarzhalsziege

Die vordere Hälfte dieser stämmigen und kräftigen Hochgebirgsrasse ist schwarz, die hintere weiß mit scharfgeschnittener Zäsur. Die Walliser Schwarzhalsziege ist langhaarig und trägt relativ große Hörner.

Das schmackhafte Fleisch ist höher zu bewerten als die 580 Liter Jahresmilchmenge. Ihr Haar, das sie vor Kälte und Hitze schützt, wird nicht geschoren. Auf einen Stall und Kraftfutter kann die genügsame Ziege verzichten, die sehr effektiv in der Landschaftspflege eingesetzt wird.

Beheimatet ist die „Gletschergeiß" in den Walliser Alpen. 930 n. Chr. soll sie durch Einwanderung afrikanischer Völker in diese Gegend eingeführt worden sein. Bereits Ende des 19. Jahrhunderts wird sie als Sattelziege so beschrieben, wie sie heute noch in ihrer attraktiven Erscheinung in Deutschland in seltenen Haltungen anzutreffen ist. Leider ist in der Schweiz der Bestand so stark zurückgegangen, dass sie zu den gefährdeten Haustierrassen gezählt werden muss.

	♂	♀
Widerristhöhe (cm)	75–85	70–80
Gewicht (kg)	65–70	45–50
Gehörn (cm)	70	45

Weiße Deutsche Edelziege

Die kräftige, kurz- und glatthaarige „Weiße" der deutschen Ziegen hat vereinzelt eine leicht rötlichgelbliche Färbung an Hals und Rücken oder Pigmentflecke an der Nase. Böcke haben bisweilen längere Haare an Hals und Rücken. Sie wird vorwiegend hornlos gezüchtet.

Die Jahresmilchmenge liegt bei 950 Litern mit 3,5 % Fett, Spitzenleistungen erreichen über 1800 Liter. Die Fruchtbarkeit beträgt 200 %.

1884 wurden die Saanenziege aus dem Berner Oberland und die Appenzellerziege aus dem Kanton Appenzell in die weißen deutschen Ziegenschläge, die es bereits seit Beginn des 19. Jahrhunderts gab, eingekreuzt. 1928 wurden alle weißen Ziegen einheitlich unter der Bezeichnung „WDE" zusammengefasst. Sie ist neben der Bunten Deutschen Edelziege eine weithin gefragte Milchziege, sowohl in Kleintierhaltungen als auch in großen Betrieben.

	♂	♀
Widerristhöhe (cm)	80–90	70–80
Gewicht (kg)	70–80	60–70

Westafrikanische Zwergziege

Das zwergwüchsige Geschöpf ist nicht nur klein, sondern hat auch kurze Beine, einen gedrungenen Rumpf und einen dicken Bauch. Das Fell ist schwarz, weiß, grau oder braun, zumeist aber gescheckt. Auch der Kopf ist kurz und breit mit kurzen, stehenden Ohren und kleinen Hörnern.

Die Fleischnutzung steht im Vordergrund, gemolken werden die Tiere meist nicht. Neben Liebhaber-Haltungen trifft man sie in Europa häufig in Tierparks als Streicheltier für Kinder. Ebenso sind sie in Pferdehaltungen gerne als „Gesellschafter" gesehen.

Es wird vermutet, dass die aus Asien stammenden Zwergwüchsigen über Ägypten nach Westafrika gezogen sind. Dort sind sie vor allem in den tropischen Zonen des Regenwaldes und der Feuchtsteppen zu Hause, an die sie gut angepasst sind. Sie finden sich aber auch in Zentral- und Ostafrika, Indien und Europa.

	♂	♀
Widerristhöhe (cm)	50	40–45
Gewicht (kg)	30	25

Gesund oder krank?

Die Ziege ist von Natur aus gegen Krankheiten sehr widerstandsfähig. Wird sie art- und sachgerecht gehalten, treten nur selten ernstliche Erkrankungen auf. Kräftige und richtig ernährte Tiere besitzen gute Abwehrkräfte und sind weniger anfällig.

Gesundheitsvorsorge

Rechte Seite: Übermut tut manchmal gut!

Einige wichtige Grundregeln sollten Sie im Umgang und bei der Haltung Ihrer Tiere besonders beachten. Wesentliche Voraussetzungen für die Gesunderhaltung der Ziegen sind:

→ artgemäße Haltung und Fütterung,
→ entsprechende Pflegemaßnahmen,
→ ruhiger Umgang mit den Tieren,
→ ausreichende Tier-, Stall- und Melkhygiene,
→ ein trockener und gut durchlüfteter Stall und
→ die Desinfektion der Lämmerbuchten vor dem Belegen.

Überdies vermögen besondere Futtermittel-Zusätze die Widerstandskraft zu unterstützen und eine regelmäßige fachgerechte Klauenpflege die Paarhufer vor schlimmen Fußerkrankungen zu bewahren.

Kräuter-Futterzusätze

Inhaltsstoffe von Würz- und Heilpflanzen (ätherische Öle, Enzyme, Vitamine, Flavone, Saponine, Gerb- und Bitterstoffe etc.) haben zwar gegenüber den Nahrungsstoffen der Futterpflanzen nur geringen Nährwert, dafür aber stark anregende Wirkung auf Stoffwechsel, Blutkreislauf, Drüsen und Verdauung. Die Wirkstoffe der im Handel erhältlichen Heilkräuter-Fütterungszusätze (Adressen siehe Anhang) können Futtermängel ausgleichen und die Gesundheit der Tiere bei guter Fruchtbarkeit und besten Leistungen fördern.

Anwendung: Zur Aktivierung des Stoffwechsels, Verbesserung des Fellkleides, stärkeren Ausbildung von Huf und Klaue, Verringerung von

Schwergeburten und Nachgeburtsstörungen; bei mangelnder Futterausnutzung, Milchmangel, Neigung zu Parasitenbefall des Darmes und der Haut sowie bei katarrhalischen Erkrankungen.

Von den Kräuter-Komplettmischungen für Ziegen mit Mineralstoffen, Vitaminen und Spurenelementen bekommt jedes Tier täglich 20 bis 30 g, trächtige Tiere erhalten 30 bis 40 g und Jungtiere 5 bis 15 g.

Die Klauen werden am besten mit einem scharfen Messer glatt geschnitten, wobei die Ballen besonders vorsichtig behandelt werden müssen.

Klauenpflege

Paarhufer sind ausgezeichnete Lauftiere, die sich auf jeweils zwei Zehenspitzen besonders behende fortbewegen können. Die Natur hat sie für diese Art der Fortbewegung bestens ausgerüstet. Die 3. und 4. Zehen sind zu Klauen ausgebildet. Eine kräftige Hornkapsel umhüllt schützend die Endglieder. Um die Abnutzung auf den harten Böden der Steppe und des Gebirges, ihres ursprünglichen Lebensraumes, auszugleichen, muss sie entsprechend nachwachsen.

Klauenzustand. Die vergleichsweise weichen Böden der Weide und des Stalles, die eingeschränkte Bewegung in der Koppelhaltung und auch die bessere Nährstoffversorgung lassen die Hornkapseln der Klauen schneller nachwachsen als sie abgenutzt werden. Im weiteren Verlauf biegt sich das Horn nach vorne und rollt sich dabei ein. Es entsteht die tütenförmige Rollklaue oder Doppelsohle, die zur weiteren Verdeutlichung der Missbildung auch Pantoffel-, Schnabel- oder Posthornklaue genannt wird. Die verbildeten Klauen verursachen Schmerzen beim Laufen und Stehen. In den Zwischenräumen eingedrungene Fremdstoffe bilden Infektionsherde, die zu den verschiedensten Erkrankungen führen können.

Klauenkorrektur. Zur Vermeidung dieser Schäden sind die Klauen regelmäßig zu pflegen. Je nach Wachstum sollte das überschüssige Horn zwei- bis dreimal im Jahr entfernt werden, auf jeden Fall vor dem Weideaustrieb im Frühjahr und nochmals im Spätherbst. Auch bei den ganzjährigen Weidetieren muss der Klauenzustand regelmäßig überprüft werden. Bei den Lämmern sollten bereits im Alter von sechs bis acht Wochen die Klauen geschnitten werden. Jungtiere kann man zum Klauenschneiden noch leicht auf den Rücken legen. Erwachsene Tiere werden im Stehen behandelt und die Beine jeweils nacheinander aufge-

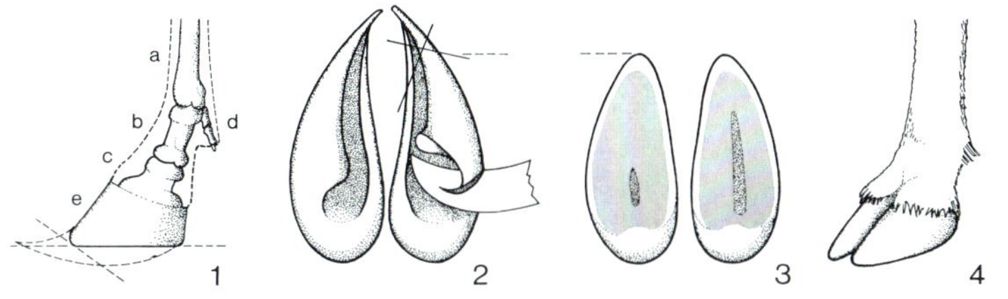

Klauenpflege
1 Vorderlauf: a Mittelhandknochen, b Fesselbein, c Kronbein, d zurückgebildete Zehen (Daumenzehe fehlt), e Klauenbein (die gestrichelte Darstellung zeigt ein mögliches Überwachsen der Hornwände bei mangelndem Rückschnitt);
2 bei eingerolltem Tragrand muss vorsichtig schichtweise geschnitten werden (Ansicht von unten);
3 geschnittene Klaue von unten gesehen: Tragrand, Sohle und Ballen bilden eine glatte Fläche;
4 Laufkante nach dem Schnitt.

hoben. Binden Sie die Tiere dabei an beziehungsweise stellen Sie sie gegen eine Wand. Am einfachsten gelingt jedoch die Arbeit, wenn eine zweite Person das Tier hält und beruhigt.

Mit einem scharfen Klauen- oder Hufmesser (es kann auch eine Rosenschere sein) wird das zu lang gewachsene Horn der Seitenwände und der Klauensohle vom Ballen zur Spitze hin zurückgeschnitten. Tragrand, Sohle und Ballen sollen eine glatte Fläche bilden. Fließt Blut, muss die Schnittstelle mit Jod- oder Sepsotinktur desinfiziert werden. Bei größeren Wunden sollte ein Verband angelegt und der Fuß in einem ledernen Klauenschuh versorgt werden.

Hautpflege

Ein weiches, trockenes und warmes Lager schützt vor Verunreinigungen, daher ist regelmäßiges Putzen der Ziege nicht notwendig. Gelegentliches Bürsten und Striegeln regt jedoch die Hauttätigkeit an und trägt zu einer besseren Durchblutung der Haut bei. Bürsten während des Haarwechsels schützt vor Verfilzung und fördert den schnellen Haarausgleich. Ebenso schränkt es die Schuppenbildung und den Ungezieferbefall ein.

Mit Behagen schrubbt sich die „Bunte" den Rücken und seitlich die Flanken. Dazu dient eine einfache, an der Stallwand angebrachte federnde Bürstenkonstruktion.

Symptome erkennen

Trotz artgerechter Haltung und vorbeugender Maßnahmen können Krankheiten auftreten. Ihre Auswirkungen lassen sich aber bei rechtzeitigem Erkennen und bald einsetzender Behandlung vermindern.

Kranke Ziegen machen einen müden und matten Eindruck. Sie verweigern nicht selten das Futter oder fressen nur wenig. Oft stehen sie mit gekrümmtem Rücken oder gesträubtem Haarkleid im Stall oder Auslauf.

Unpässliche Tiere bringt man in eine Box und beginnt unverzüglich mit folgenden Untersuchungen, denen die Werte gesunder, erwachsener Tiere zugrunde gelegt werden:

- Messen der Körpertemperatur durch vorsichtiges Einführen des Thermometers in den After;
- Bestimmen der Atemfrequenz durch Zählen der Brust- oder Flankenbewegungen;
- Ermitteln der Pulsfrequenz, die durch das Anlegen der Hand an den Innenseiten des Unterarmes oder Oberschenkels festgestellt werden kann;
- Kotuntersuchungen auf Beschaffenheit und Blutbeimengungen;
- Befund des Nasenausflusses (Blut- und Eiterbeimischungen);
- Abtasten des Euters auf Erwärmungen und Schwellungen, die auf Entzündungen schließen lassen.

Werte der gesunden erwachsenen Ziege

Temperatur:
38,2 - 39,5 °C
Puls pro Minute:
70 - 90
Atmung pro Minute (je nach Bewegung):
15 - 25

Krankheiten behandeln

Dem Anfänger in der Nutztierhaltung fällt es anfangs sehr schwer, eine bestimmte Krankheit zu diagnostizieren und entsprechende Maßnahmen einzuleiten. Bei auffallend veränderten Werten sollten Sie daher sicherheitshalber den Tierarzt benachrichtigen. Im Laufe der Zeit lernen Sie dann, häufig auftretende Symptome den Erkrankungen zuzuordnen und einzuschätzen, welche Behandlung erforderlich ist.

Bei sichtbaren Krankheitsmerkmalen wie zum Beispiel Hautverletzungen oder auch Euterentzündungen, die am leichtesten zu bestimmen sind, können Sie mit bewährten Mitteln aus der Stallapotheke oder auch mit Heilkräutern selbst den Heilungsprozess einleiten. Zu den äußeren Krankheitsmerkmalen, die gut zu erkennen sind, zählen auch die Klauenentzündungen und der Parasitenbefall.

Moderhinke

Werden die Klauen schlecht gepflegt oder vernachlässigt, kommt es im schlimmsten Fall zu einer infektiösen Klauenentzündung, der sogenann-

> **Was ist zu tun bei Moderhinke?**
>
> - ➔ Die erkrankten Tiere von den übrigen abtrennen und auf trockene Böden bringen;
> - ➔ die befallenen Klauen gründlich ausschneiden und säubern, infektiöse Hornteile sammeln und verbrennen, Geräte desinfizieren;
> - ➔ anschließend nach einem einstündigen Standbad mit 20 %iger Zinksulfatlösung (kein giftiges Kupfersulfat verwenden!) Antibiotika-Präparate in Form von Spray, Puder oder Salbe auftragen;
> - ➔ Kontrolle nach einigen Tagen; gegebenenfalls nachbehandeln.

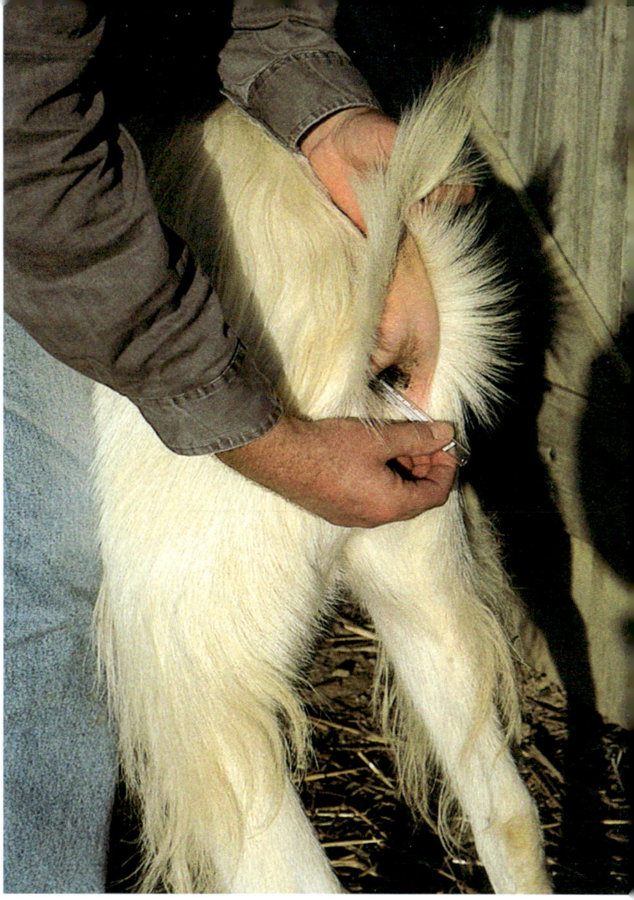

Eine Körpertemperatur über 39,5 °C weist auf eine Krankheit hin.

ten Moderhinke. Die bakteriellen Erreger finden in den Hohlräumen der überwachsenen Klauen beste Lebensbedingungen. Im Verlauf der Erkrankung wird das Horn der befallenen Klauen zerstört. Wenn durch die Beweidung nasser Wiesen das Horn obendrein aufweicht, wird es noch schneller zersetzt. Auch die Lederhaut und tiefere Schichten werden befallen. Die Tiere beginnen wegen erheblicher Schmerzen zu lahmen und rutschen in extremen Fällen auf den „Knien" (Vorderfußwurzelgelenken) vorwärts.

Soweit darf es aber gar nicht kommen. Wenn ein Tier zu lahmen beginnt, sollte bereits die Alarmglocke anschlagen, um einer weiteren Ausbreitung entgegenzuwirken.

Parasitenbefall

Ungeziefer und Würmer gehören zu den unvermeidlichen Schmarotzern, unter denen die Tiere leiden. Nur in seltenen Fällen können sie lebensbedrohlich werden, doch beeinträchtigen sie unter Umständen das Wohlbefinden und die Widerstandskraft der Tiere soweit, dass es zu geringerer Futteraufnahme, Gewichtsverlust und Ertragsminderung kommt.

Außenparasiten. Das Auftreten von Außen- oder Ektoparasiten wie Läusen, Haarlingen oder Räudemilben lässt sich durch eine einwandfreie und penible Stallhygiene vermeiden.

Einem Zeckenbefall kann man dagegen kaum vorbeugen, wenn die Tiere im Wald oder in strauchreichen Gebieten weiden. Zeckenzeiten und Zeckenbereiche sollten beim Austrieb der Tiere daher besonders beachtet werden. Der Blutentzug kann zu Mattigkeit und Entwicklungsstörungen führen. Werden Nervenbahnen beeinträchtigt, kann es zur Zeckenlähme kommen. Es ist daher ratsam, Weidetiere regelmäßig und „Milchspender" beim Einstallen nach Zecken abzusuchen. Bevorzugte Stellen sind die Schenkelinnenflächen, das Euter und die Kopfregion. Gegebenenfalls lassen sie sich mit der Zeckenzange gut beseitigen.

Innenparasiten. Der tägliche Weidegang sollte erst beginnenn, wenn Tau und Regen abgetrocknet sind. Die Larven von Magen-, Darm-, Band- und Lungenwürmern wandern nachts in die oberen Teile der Pflanzen, solange diese noch feucht sind und könnten von den in der Frühe weidenden Tieren aufgenommen werden. An feuchten Standorten findet sich auch der Zwischenwirt des Leberegels, die streichholzkopfgroße Zwergschlammschnecke.

Aus diesem Grunde sind feuchte oder an Bächen gelegene Wiesen generell für die Weidehaltung problematisch. Indische Laufenten, rastlose und unersättliche Schneckenvertilger, oder andere Maßnahmen zur Schneckenbekämpfung sind hier zwingend notwendig.

Vorsorglich sollte man regelmäßig den frischen Kot untersuchen, ob Eier oder Bandwurmglieder sichtbar sind oder ob sich auf älterem Kot Larven entwickelt haben. Einen genauen Befund ergeben Kotuntersuchungen. Dazu ist eine frische Kotprobe in einer Menge von etwa Pflaumengröße, im Kunststoffbeutel verpackt, an das Untersuchungsamt zu schicken. Ein positives Ergebnis hat immer eine Wurmbehandlung zur Folge. Der Einfachheit halber und zur Vorsorge empfiehlt es sich, generell zwei bis drei Wurmkuren im Jahr mit Mitteln durchzuführen, deren Inhaltsstoffe breit gefächert gegen verschiedene Parasiten wirken.

Achtung !

Da einige Arzneimittel nur begrenzt haltbar sind, sollten sie nur in kleineren Mengen angeschafft und die Verfallsdaten beachtet werden. Pastenförmige oder flüssige Medikamente sind zur Eingabe besser geeignet als Pillen.

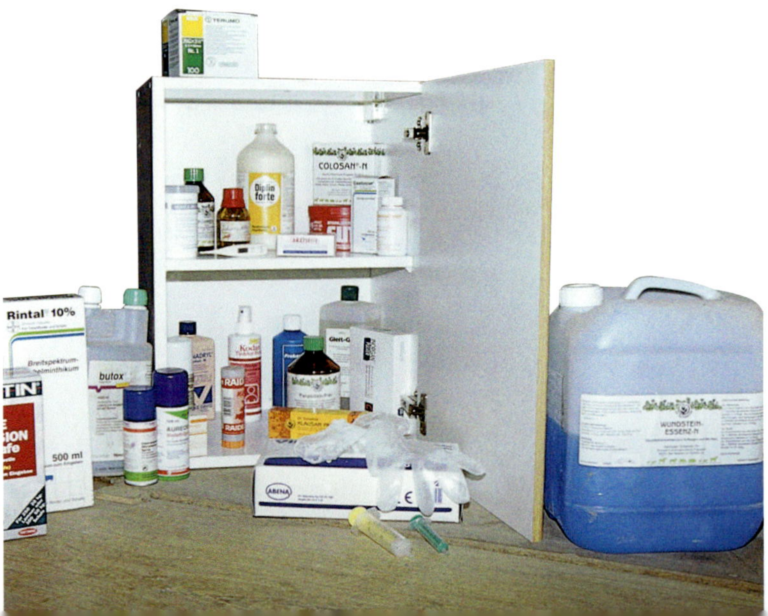

Stallapotheke

In vielen Fällen kann der Tierhalter selbst erste Hilfe leisten oder eine erfolgreiche Behandlung einleiten. Wunden am Körper oder Verletzungen an den Gliedmaßen lassen sich häufig problemlos und wirksam sofort behandeln. Hierfür ist die Einrichtung eines verschließbaren Schranks als Stallapotheke zu empfehlen. Sie ist in einem kühlen, trockenen Raum unterzubringen und vor dem Zugriff von Kindern zu schützen. Als Erstausstattung wählen Sie Instrumente und Heilmittel, die schnell oder oft benötigt werden. Die Heilmittel für bestimmte Indikationen werden nur als allgemeine Bezeichnung angegeben. Die einschlägigen Präparate (neben den althergebrachten Hausmitteln) sind beim Tierarzt, Apotheker oder bei Pharmafirmen, die Arznei- und Pflegemittel für die tierärztliche Praxis herstellen, zu erfragen. Bei schwereren Erkrankungen werden geeignete Medikamente vom Tierarzt verordnet.

Welche Hilfsmittel gehören in die Stallapotheke?

- → Ein digitales Fieberthermometer zum Fiebermessen,
- → Schere, Messer, Pinzetten und Verbandsstoffe für die Behandlung von Verletzungen,
- → Klauenbesteck für das Klauenschneiden,
- → ein Klauenschuh für wundbehandelte Füße,
- → Spritzen für Injektionen oder zum Einflößen flüssiger Arzneimittel,
- → Gummihandschuhe und möglichst auch eine Gummischürze.

Achten Sie darauf, dass alle Instrumente und Geräte immer sauber gehalten und sofort nach Gebrauch desinfiziert oder ersetzt werden.

Empfohlene Heilmittel

Mittel	Verwendungszweck
Arnikatinktur	Wundbehandlung
Eutersalbe	durchblutungsfördernd, entzündungshemmend
Jodtinktur	Wundbehandlung (z.B. Nabelstrang)
Kampfersalbe	Entzündungen, Schwellungen
Klauensalbe	Pflege und Wundverschluss (Hufe und Klauen)
Melkfett	Eutermassage
Wundsalbe	Riss-, Schnitt- und Schürfwunden
Wurmmittel	Band-, Faden- und Spulwürmer

Linke Seite:
Ein Apothekenschränkchen, in dem wichtige Instrumente und Hilfsmittel aufbewahrt werden, gehört zum Stallinventar. Es sollte leicht erreichbar sein.

Produkte

Nachfrage nach hochwertigem Lammfleisch und anderen Ziegenerzeugnissen aus heimischer Produktion steigt zunehmend. Schon eine kleine Herde von etwa fünf milchgebenden Rassetieren deckt nicht nur Ihren Eigenbedarf, sondern lässt eine Vermarktung der überschüssigen Milch oder des Käses zu.

Durch den Verkauf von Zuchtieren und die Schlachtung von Lämmern und Alttieren wird der Bestand der Haltung verjüngt und zahlenmäßig begrenzt. Das kann auch der Haushaltskasse zugute kommen. Die Verwertung von Fasern, Fellen und Häuten lohnt sich allerdings für eine kleine Haltung weniger.

Milch und Milchprodukte

In erster Linie wird Ziegenmilch zu Käse verarbeitet, der zwar immer noch zu den Spezialitäten gehört, aber zunehmend auch im üblichen Sortiment zu finden ist. Milch und Butter werden dagegen selten angeboten. Die Nachfrage richtet sich nicht nur nach dem Geschmack, sondern auch nach den Preisen, die die Kuhmilch-Erzeugnisse bis zum Dreifachen übersteigen. Die Qualität der Produkte ist ausschließlich von der Güte der Rohmilch abhängig.

Beschaffenheit. Ziegenmilch ist ein wertvolles, gesundes, wohlschmeckendes und leicht verdauliches Lebensmittel, vorausgesetzt, dass die Tiere gesund sowie Haltung, Fütterung, Melkvorgang und Milchaufbewahrung optimal sind. Sie unterscheidet sich im Nährstoffgehalt und in der Trockenmasse nicht wesentlich von der Kuhmilch, hat aber aufgrund ihrer Zusammensetzung einen hohen therapeutischen Wert, der bereits im Altertum bekannt war.

Ziegenmilch ist reich an Mineralstoffen und Spurenelementen, Linol- und Linolensäuren sowie Vitaminen. Da Vitamin A in der Ziegenmilch im Gegensatz zur Kuhmilch nicht als Vorstufe (gelbliches Karotin), sondern in fertiger, farbloser Form vorkommt, haben alle Milcherzeugnisse eine weiße Farbe. Darüber hinaus wurden Wirkstoffe von hohem diätetischem und auch heilkräftigem Wert gefunden, wie zum Beispiel Orotsäure oder Ubichinone (und noch weitere vermutet), die in der Kuhmilch nur in geringerem Maße vorhanden sind.

Ziegenmilch kann bei verschiedenen Krankheiten Linderung und Heilung bringen. Gute Ergebnisse hat man beispielsweise bei Hauterkran-

kungen wie Neurodermitis erzielt, die vor allem bei Kindern infolge einer Kuhmilch-Allergie auftreten können. Genauere wissenschaftliche Untersuchungen über den therapeutischen Einsatz der Ziegenmilch fehlen bisher aber noch.

Eine weitere Besonderheit gegenüber der Kuhmilch besteht darin, dass sich das Fett aus wesentlich kleineren Kügelchen zusammensetzt, die sich mehr im Schwebezustand befinden. Infolgedessen rahmt die Milch weniger auf, was bei der Herstellung von Quark, Joghurt und Käse außerordentlich förderlich ist. Beim Buttern empfiehlt es sich allerdings, für die Entrahmung eine Zentrifuge zu verwenden, da beim Abschöpfen zuviel Milch in die Sahne gelangt.

Verschiedene Frisch- und Weichkäse sind verhältnismäßig leicht herzustellen und bereichern zusammen mit einer deftigen Dauerwurst die Vesperplatte.

Qualität. Die Gewinnung einer gehaltvollen, keimarmen und aromatischen Qualitätsmilch hängt neben einer artgerechten Haltung und hochwertigem Futter vor allem von den hygienischen Verhältnissen ab. Um ein starkes Ansteigen der bakteriellen Keime durch Verunreinigungen und die Beeinträchtigung des Aromas durch Fremdgerüche (zum Beispiel durch den Bocksgeruch) zu verhindern, muss bei dem Umgang mit der Milch auf peinliche Sauberkeit und auf eine sorgfältige Behand-

Das Euter wird durch eine innere Hautfalte in zwei jeweils selbständig arbeitende Hälften geteilt. Ein Drüsenläppchen enthält bis zu 150 Drüsenbläschen (0,1 bis 0,3 mm Durchmesser), deren Wände mit Milchbildungszellen ausgekleidet sind. Blutgefäße umspannen die Drüsenbläschen und führen den Milchbildungszellen Rohstoffe für die Milchbildung zu. Das Euter muss von etwa 300 bis 400 Liter Blut durchströmt werden, bis 1 Liter Milch gebildet wird.

lung der Milch geachtet werden. Zu beachten sind vor allem folgende Maßnahmen:

- ➔ Euter und angrenzende Körperteile vor dem Melken säubern;
- ➔ gut gereinigtes Melkgeschirr benutzen;
- ➔ für saubere Kleidung und Hände sorgen;
- ➔ für hygienische und gut durchlüftete Stallverhältnisse sorgen;
- ➔ geschlechtsreif werdende Böcke von den Milchtieren trennen;
- ➔ frisch gemolkene Milch sofort aus dem Stall entfernen;
- ➔ für schnelle Abkühlung auf mindesten 4 °C und entsprechende Aufbewahrung sorgen, wenn sie nicht gleich verbraucht oder verarbeitet wird.
- ➔ Bei längerer Aufbewahrung sollte die Milch durch eine 30 Sekunden lange Erhitzung auf 62 bis 65 °C pasteurisiert werden.

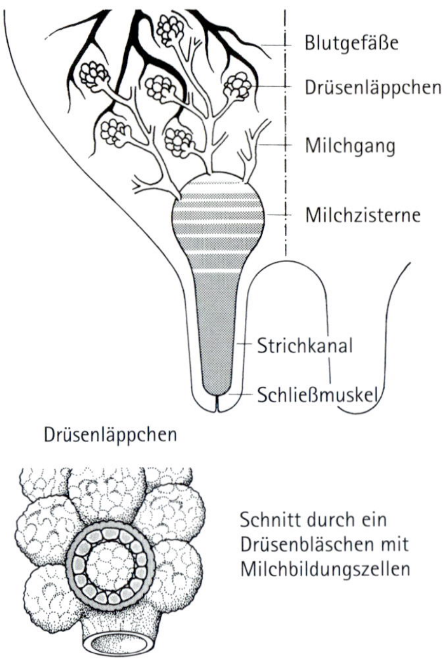

Achtung

Kolostralmilch und die Milch von entzündeten Eutern oder generell von mit Medikamenten behandelten Tieren sind für den Verzehr ungeeignet und dürfen nicht verwertet werden.

Hygiene- und Qualitätsanforderungen

Beim Direktverkauf von Milch und Milcherzeugnissen ist die „Verordnung über Hygiene- und Qualitätsanforderungen an Milch und Erzeugnisse auf Milchbasis" (Milchverordnung) vom 24.4.1995 einzuhalten. Ebenso sind weitere Vorschriften, die in entsprechenden Verordnungen geregelt sind, zu beachten. Informieren Sie sich bei der zuständigen Lebensmittelüberwachungsbehörde (Veterinäramt) über die geltenden Vorschriften.

Gewinnung

Sie können von der Seite oder von hinten melken, in der Hocke oder im Sitzen auf einem umgeschnallten einbeinigen Melkschemel. Leichter und sauberer geht es, wenn die Tiere auf einem etwa 45 cm hohen

Ein 45 cm hoher Melkstand kann sehr hilfreich sein: Die Tiere werden mit etwas Futter in die richtige Stellung gelockt und bei Bedarf mit einem Stellstab arretiert. Der Melker braucht sich so nicht zu bücken.

Melkstand stehen, an dem notfalls ein Fanggatter zum Festhalten angebracht ist. Unruhige Tiere können mit Futter abgelenkt werden. Einmal angenommene Gewohnheiten sollten stets beibehalten werden. Auch der Melker, an dessen Eigengeruch sich die Tiere gewöhnen, sollte möglichst immer derselbe sein. Dann ist das Melken, das am besten morgens vor dem Austrieb und abends nach der Heimkehr besorgt wird, kein Problem. Wird nur einmal am Tag gemolken, vermindert sich die Milchleistung auf etwa die Hälfte, da 18 Stunden nach dem Melken die Milchsekretion allmählich nachlässt.

„Fausteln". Das Melken selbst beginnt mit dem „Anrüsten", der Eutermassage, unter Verwendung von etwas Melkfett.

Während bei der Kuh „gestrippt" wird, faustelt man bei den milchspendenden Kleintieren. Das Strippen, bei dem die Zitze (Strich) mit dem an der Haut herabgleitenden (und ziehenden) Daumen und Zeigefinger ausgepresst wird, würde das Euter und die Zitzen der Ziege verformen und Schmerzen verursachen. Beim schonenden Faustmelken drücken Daumen und Zeigefinger die Zitze am Euteransatz ab. Danach werden Mittel-, Ring- und kleiner Finger nacheinander geschlossen (ohne zu ziehen), so dass die Milch aus dem Strich herausgedrückt wird.

Melkhäufigkeit

Die Häufigkeit des Melkens richtet sich nach der Leistung. Bei hohen Milchmengen sollte zwei- bis dreimal täglich gemolken werden. Wichtig ist, annähernd gleiche Zeiten und Zeitabstände einzuhalten. Gegen Ende der Laktationsperiode oder wenn nur noch weniger als 1 kg Milch täglich gemolken wird, genügt einmaliges Melken.

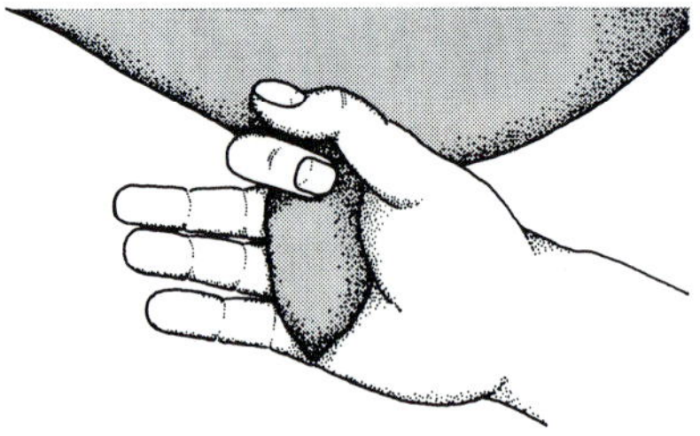

Daumen und Zeigefinger drücken den Strichkanal ab,

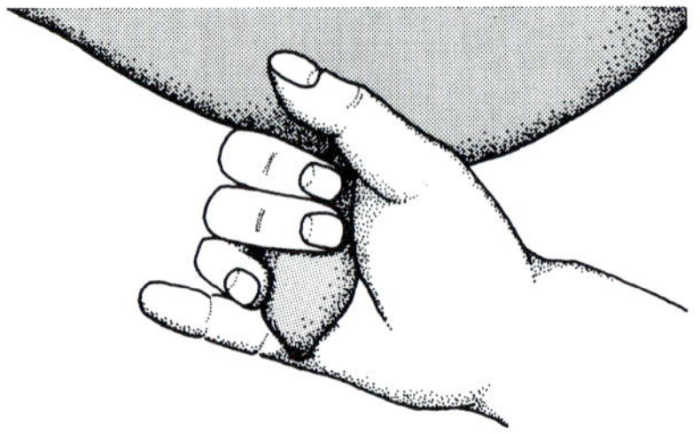

die übrigen Finger schließen nacheinander zur Faust

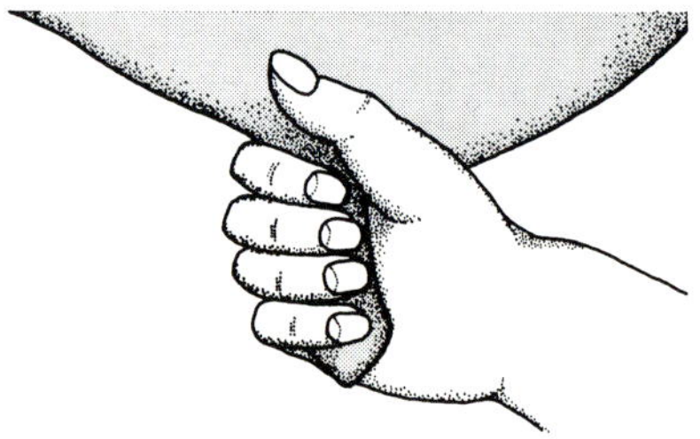

und drücken die Milch aus.

Um sauber auszumelken zu können, schlägt man mit der flachen Hand von unten gegen das Euter, wie es etwa die Lämmer tun, wenn mehr Milch einschießen soll. Auch ein nochmaliges Massieren des Euters, dieses Mal von den Schenkelhöhlen abwärts („Abrüsten"), kann förderlich sein. Die letzte Milch ist die fettreichste.

Verarbeitung

Ziegenmilch-Erzeugnisse unterscheiden sich von denen der Kuhmilch lediglich durch den typischen Geschmack, den Kenner sehr zu schätzen wissen. Von Butter und Buttermilch über Quark und Molke, Sauermilch, Joghurt und Kefir bis zu den verschiedensten Käsesorten ist das meiste verhältnismäßig leicht herzustellen.

Butter. Die Milch sollte sofort nach dem Melken noch „ziegenwarm" (30 °C) zentrifugiert werden, um eine hohe Rahmausbeute zu erhalten. Zwei Tage können Sie den Rahm sammeln, ohne dass der Geschmack der Butter beeinträchtigt wird. Reicht die Rahmmenge noch nicht zum Buttern, kann der jeweils zweitägige Ertrag auch kurzfristig eingefroren werden. Zum Ausbuttern füllt man den auf 12 bis 16 °C temperierten Rahm in ein Butterfass. Nach etwa 30 Minuten guter Durcharbeitung werden die senfkorn- bis linsengroßen Butterkörnchen mit einem Sieb aus der Buttermilch gefischt und nach mehrmaligem Waschen im kalten Wasser zu einem Klumpen zusammengeknetet. Salz nach Belieben.

Für die empfindlichen Ziegeneuter kommt nur das schonende Faust- oder Vollhand-Melken in Frage, um schmerzhafte Entzündungen zu vermeiden.

Säuerungsprodukte. Für die Herstellung von Sauermilch, Joghurt oder Kefir verwendet man Bio-Fermente mit den jeweils speziellen gefriergetrockneten Milchsäurebakterien, die in Naturkostläden oder direkt bei der Herstellungsfirma erhältlich sind. Für die Zubereitung sind Temperaturen von 40 bis 42 °C, bei denen die wärmeliebenden Bakterien tätig werden, genau einzuhalten.

Mit geringem Aufwand können Sie wohlschmeckende und gesunde Milchprodukte herstellen. Für die Joghurt-Fertigung gibt es mittlerweile im Fachhandel und in Supermärkten recht günstige Joghurt-Bereiter, die das Verfahren noch vereinfachen.

Käse. Für den Eigenbedarf empfiehlt sich die Herstellung von Frischkäse, für dessen Verarbeitung kein klimatisierter „Käsekeller" erforderlich ist. Denn die Herstellung von Schnitt- und Hartkäse ist aufwendig, nicht ganz unproblematisch und bedarf einer Behandlungs-, Lager- und Reifezeit von mehreren Wochen bei Temperaturen von 12 bis 16 °C und einer Luftfeuchtigkeit von 80 bis 90 % (Literatur siehe Anhang).

Flüssiges Lab, das es in der Apotheke oder in Bioläden auch als Pulver oder Tabletten gibt, lässt sich für geringe Mengen Milch besser dosieren. Die Milchsäurebakterien schirmen die Milch gegen Außeninfektionen ab. Das größte Problem der Käsebereitung ist die Fremdschimmelbildung, die den Geschmack und die Reifung beeinträchtigen kann. Um dies zu verhindern, sollte der Käse während des Reifeprozesses nicht im Kühlschrank aufbewahrt, sondern im Keller in einem Schränkchen mit Borden und einer Fliegendraht-Tür gelagert werden. Eine leichte Beimpfung mit Camembertkultur schützt die „Reiflinge" ebenfalls vor unerwünschten Einflüssen. Auf Dauer nistet sich die Kultur so im Schränkchen ein, dass keine weiteren Impfungen mehr nötig sind. Der reife Käse kann bis zu zwei Wochen im Kühlschrank aufbewahrt werden.

Salzen oder würzen mit Knoblauch oder Kräutern bleibt Ihrem Geschmack überlassen. Kleine Käsebällchen können auch mit Gewürzen und Kräutern in Öl eingelegt werden.

Frischkäse-Rezept

Der für den baldigen Verzehr geeignete Frischkäse kann in einer Woche ohne große Umstände zubereitet werden: In 1 Liter gefilterte, 28 °C warme Ziegenmilch werden 2 Tropfen Lab und 2 Esslöffel Buttermilch gegeben. Nach 18 bis 24 Stunden wird der eingedickte Bruch etwas zerkleinert, zum Abtropfen in ein Seihtuch oder feines Sieb gefüllt und nach ungefähr 6 Stunden in Förmchen gefüllt. Diese werden anschließend 8 Tage zum Reifen gelagert .

Ein im Keller stehender Käseschrank begünstigt die Reifung und verhindert Fremdschimmelbildung. Er ist durch eine Türe mit Fliegengitter luftig abgeschlossen. Eine mit Wasser gefüllte Schale schützt vor Austrocknung.

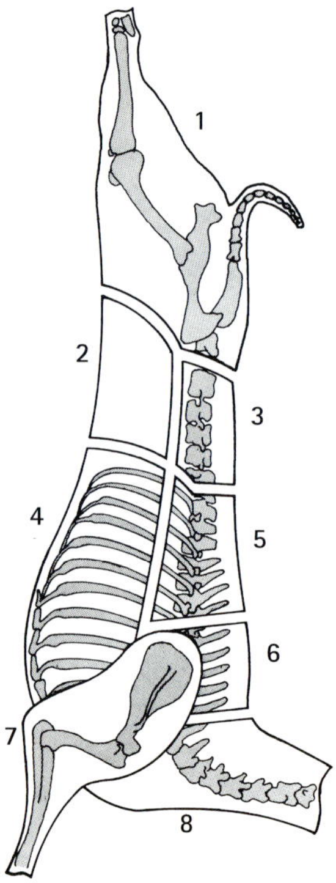

Schlachtkörper eines Ziegenlammes:
1 Keule, 2 Dünnung,
3 Lende, 4 Kotelett,
5 Brust, 6 Kamm,
7 Schulter (Bug), 8 Hals

Fleisch

Auch bei einer passionierten Ziegenhaltung kommt der Zeitpunkt, zu dem die Tiere geschlachtet oder – sollte Ihnen dies schwer fallen – lebend verkauft werden müssen, wenn Sie nicht Ihren Bestand ständig vergrößert sehen wollen. Denn wenn Sie Milchziegen halten oder züchten, haben Sie auch regelmäßigen Nachwuchs. Die überzähligen Tiere bringen Sie am besten zu einem Metzger, in dessen Räumen die vorgeschriebene Fleischbeschau durchgeführt wird. Professionell und unter den geforderten hygienischen Rahmenbedingungen geschieht die Tötung dort schnell und nach den Vorgaben des Tierschutzgesetzes.

Verschiedene Fleischarten

Ausgehend von einer artgerechten Haltung ohne Zufütterung von Mastfutter mit einer naturgerechten Weideführung, ist Ziegenfleisch sehr wohlschmeckend und hat nur in geringem Maße Fettansatz. Das bereichert zwar den Genuss für die Genießer, die oft das Fleisch von Schaflämmern wegen des hohen Fettansatzes nicht mögen, kommt aber dem Fleisch älterer Tiere weniger zugute, denn mangels Fettkomponente wird es zäh. Die Schlachtausbeute beträgt je nach Fütterungszustand 40 bis 50 %.

Milchlammfleisch. Das Milchlammfleisch, das bei vielen Familien als Osterlammbraten sehr geschätzt ist, wird auch als Kitzfleisch bezeichnet. Die Lämmer sind vorwiegend am Euter aufgezogen und wiegen im Alter von drei bis vier Monaten als ausgenommene Burenziegen 10 bis 15 kg. Milchziegenlämmer wiegen etwa 5 kg weniger.

Milchlammfleisch ist neutral im Geschmack und gilt wegen seiner Zartheit und des geringen Fettansatzes als diätetisches Nahrungsmittel. Hierfür können Preise von 16 bis 20 DM je kg erreicht werden.

Die zur Schlachtung vorgesehenen Böcke müssen während der ersten drei Monate kastriert werden (siehe Seite 73). Mit der danach einsetzenden Geschlechtsreife nimmt das Fleisch zunehmend einen unangenehmen Bockgeschmack an.

Lammfleisch. Das Fleisch eines sechs bis neun Monate alten Lammes, das als Lammfleisch bezeichnet wird, ist reifer und deshalb ausgeprägter im Geschmack. Das Schlachtgewicht von Fleischziegen beträgt in diesem Alter bereits 35 bis 40 kg. Das Lebendgewicht dieser Ziegen nimmt im Verlauf des Wachstums kontinuierlich zu, während sich der Fleischzuwachs bei den Milchziegen verlangsamt. Bei ihnen werden verstärkt die Knochen und der Rahmen aufgebaut, ihr Schlachtgewicht ist daher entsprechend niedriger.

Eine kleine Herde Angoraziegen, welche die weiche Mohairwolle liefern, steht bereits „in voller Wolle". Sie erfreut sich einer besonders fürsorglichen Haltung, die für die etwas empfindsame Rasse unbedingte Voraussetzung ist.

Ziegenfleisch. Das Fleisch älterer Ziegen und Böcke ist langfaseriger und zäher. Es eignet sich deshalb vorwiegend für die Verarbeitung zu Wurst. Zusammen mit 30 bis 50 % durchwachsenem Schweinebauch kann eine vorzüglich schmeckende Frisch- oder Dauerwurst tiefgefroren, in Dosen eingemacht, an der Luft getrocknet oder in den Rauch gehängt werden. Wer kein Schweinefleisch beifügen will, kann die Sämigkeit auch mit der Zugabe von Speiseöl erreichen. Ohne Beimischung wird die Wurst sehr mager und trocken. Altböcke sollten übrigens mindestens acht Wochen vor dem Schlachten kastriert werden.

Wolle und Fell

Das Haarkleid der Ziegen wird im Turnus der Jahreszeiten in natürlicher Weise gewechselt. Die feinen Unterhaare der Angora- und Kaschmirziegen werden zu hochwertigen Textilien verwertet. Oberhaare können zu Teppichen, Decken und Pinsel verarbeitet werden. Die Nutzung der Felle ist jedoch für den eigenen Bedarf unrentabel.

Mohairwolle

Mohair ist ein glattes und glänzendes Haar, das sich besonders für die Herstellung hochwertiger Strickwaren und Textilien eignet. Das Vlies wird zweimal im Jahr geschoren, wobei das Lämmervlies als „Kid Mohair" besonders wertvoll ist.

Soll Mohairwolle selbst zu Strick- oder Weberzeugnissen verarbeitet oder zum Verkauf angeboten werden, müssen die Vliese, deren Ertrag pro Ziege je nach Alter und Geschlecht jährlich etwa 5 kg beträgt, zur

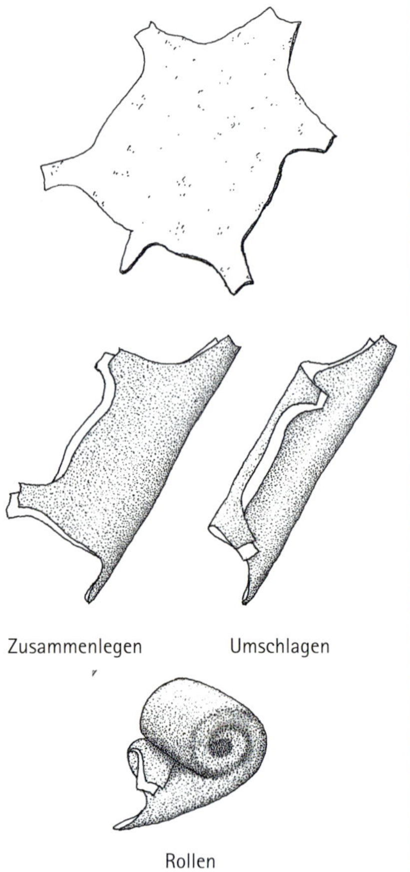

Veredelung gegeben werden (Adresse siehe Anhang). Dort wird das Vlies gewaschen, gekämmt, als besonders wertvolles „Kid Mohair" auf einen Seidenfaden (8 % Anteil) und als Mohair auf einen Wollfaden (20 % Anteil) gesponnen sowie nach Wunsch gefärbt. Der Substanzverlust beträgt je nach Verschmutzungsgrad etwa 25 %. Die Veredelung kostet 70 bis 80 DM/kg. Lohnend wird dies erst ab einer Herdengröße von etwa 20 Tieren.

Kaschmirfaser

Von den Kaschmirziegen wird das dichte, grob gekräuselte, lange, weiche und feine Unterhaar verwertet. Der Feinheitsgrad des Haares ist sehr hoch. Bis zu einem Durchmesser von 26 µm gilt ein Unterhaar als „Kaschmirfaser" (1 µm (Mikrometer) = 1 tausendstel Millimeter). Das Haar wird ausgekämmt und nach der Veredelung zu Garnen für die Herstellung von exquisiten und vorzüglich wärmenden Tuchen und Strickwaren verarbeitet. Der Ertrag je Tier variiert zwischen 100 und 500 g Rohgewicht, je nachdem, von welcher der zahlreichen Unterrassen es stammt.

In Deutschland wird auf das Kämmen der selten gehaltenen Tieren wegen des großen Aufwandes und der geringen Ausbeute verzichtet. Die Verwendung der Kaschmirziege liegt neben der Züchtung als Rassetypus ausschließlich im Bereich der Landschaftspflege.

Bei der Konservierung mit Salz, bei der das Fell sachgerecht zusammengelegt und eingerollt wird, muss man darauf achten, dass die Fleischseite die Haarseite nicht berührt.

Felle

Ziegenfelle sind wertvolle Rohstoffe für die Herstellung von Kleidungsstücken und Lederwaren. In der Schuhindustrie, Täschnerei und für Buchbindearbeiten wird Ziegenleder ebenso wie für die Fertigung von Wasser- und Weinschläuchen sowie von Dudelsackbälgen verwendet. Für den Liebhaberhalter ist das Ziegenfell nur ein Nebenprodukt, das bei der Schlachtung anfällt. Er kann es aber verkaufen oder zum Gerben geben.

Wird das Fell nicht sofort gegerbt, muss es nach dem Auskühlen sachgerecht konserviert oder getrocknet werden. Das Fell sollte auf der Fleischseite so mit Salz einer Körnung von 1 bis 2 mm eingerieben werden, dass noch etwas Salz ungelöst bleibt. In dargestellter Weise zusammengerollt, können Sie die Felle trocken, kühl und luftig lagern und nach Bedarf einer sinnvollen Verwertung zuführen.

Verzeichnisse

Wichtige Anschriften und Internet-Adressen

DLG-Verlag, Eschborner Landstraße 122, 60489 Frankfurt. http://www.dlg-verlag.de

Die Deutsche Landwirtschafts-Gesellschaft (DLG) und das Kuratorium für Technik und Bauwesen in der Landwirtschaft (KTBL) bieten mit dem InfoService Tierproduktion (IST) einen Informationspool rund um das landwirtschaftliche Bauen. http://www.ist-netz.de

Auswertungs- und Informationsdienst für Ernährung, Landwirtschaft und Forsten (aid e.V.), Friedrich-Ebert-Str. 3, 53177 Bonn, Tel.: 0228/8499-0, Fax: 0228/8499-177: Hier können Sie Broschüren zu den unterschiedlichsten Themen bestellen, u. a. zu Schaf- und Ziegenrassen. http://www.aid-online.de

Das Bundesministerium für Ernährung, Landwirtschaft und Forsten (BML) bietet das Deutsche Agrarinformationsnetz, Suchkatalog für Landwirtschaft, Ernährung, Forstwirtschaft im Internet: http://www.dainet.de: Hier finden sich auch das Link auf das Informationszentrum für Genetische Ressourcen (IGR), Villichgasse 17, 53177 Bonn, Tel.: 0228/9548-202/200, Fax: 0228/9548-220.

Gesellschaft zur Erhaltung alter und gefährdeter Haustierrassen e.V. (GEH), Antje Feldmann, Geschäftsstelle, Am Eschenbornrasen 11, 37213 Witzenhausen, Tel.: 05542/1864

Ziegenzuchtverbände

Deutschland

Bundesverband Deutscher Ziegenzüchter e.V. (BDZ)
Claire-Waldoff-Straße 7
10117 Berlin
Tel.: 030/31904-542

Ziegenzuchtverband Baden-Württemberg e.V
Heinrich-Baumann-Straße 1-3
70190 Stuttgart
Tel.: 0711/1665502

Landesverband Bayerischer Ziegenzüchter e.V.
Haydnstraße 11
80336 München
Tel.: 089/537856

Schafzuchtverband Berlin-Brandenburg e.V.
Neue Chaussee 6
14550 Groß-Kreutz
Tel.: 033207/32573

Landesverband Niedersächsischer Ziegenzüchter e.V.
Johannssenstraße 10
30159 Hannover
Tel.: 0511/3665-484

Hessischer Ziegenzuchtverband e.V., Metzbacher Straße 28
36211 Alheim
Tel.: 06623/5573

Ziegenzüchter im Landesschafzuchtverband Mecklenburg-Vorpommern e.V.
Zarchliner Straße 7
19395 Karow
Tel.: 03878/730-0

Landesverband Rheinischer Ziegenzüchter e.V.
Fritzdorfer Straße 2
53343 Wachtberg
Tel.: 02225/14712

Landesverband der Ziegenzüchter Rheinland-Pfalz e.V.
Bahnhofsplatz 9
56068 Koblenz
Tel.: 0261/9159331

Landesverband der Schaf- und Ziegenhalter im Saarland e.V.
Dillinger Straße 67
66822 Lebach
Tel.: 06881/928-0

Ziegenzüchter im Landesschafzuchtverband Sachsen-Anhalt e.V.
Angerstraße 6
06118 Halle (Saale)
Tel.: 0345/5214941

Sächsischer Schaf- und Ziegenzuchtverband e.V.
Torgauer Straße 116
04347 Leipzig
Tel.: 0341/2434213/215

Landesverband Schleswig-Holsteiner Ziegenzüchter e.V.
Steenbeker Weg 151
24106 Kiel
Tel.: 0431/332608

Landesverband der Thüringer Ziegenzüchter e.V.
Am Johannishof 3
99085 Erfurt
Tel.: 036/749807-13

Landesverband der Ziegenzüchter für Westfalen-Lippe e.V.
Nevinghoff 40
48147 Münster
Tel.: 0251/2376-864

Österreich

NÖ Landeszuchtverband für Schafe und Ziegen
Linzer Straße 76
A-3100 St. Pölten
Tel.: (0043) 02742/72186

Landesverband für Ziegenzucht und Ziegenhaltung Oberösterreichs
Auf der Gugl 3
A-4021 Linz
Tel.: (0043) 0732/6902-1349

Schweiz

Schweizerischer Ziegenzuchtverband, Geschäftsstelle
Pelpstraße 16
CH-3000 Bern 14
Tel.: (0041) 031/3886111

Züchter verschiedener Rassen

Anglo-Nubische Ziege
H. Nimmesgern, Am Münzelt 5,
66292 Riegelsberg
Tel.: 06806/3893

Angoraziege
Gerhard Seubert, Fetzelhofen 8,
81475 Lonnerstadt
Tel.: 09193/3220

Bündner Strahlenziege
Karl Paque, Weinstr. 31,
76829 Ranschbach

Bunte Deutsche Edelziege
Stefanie Schott, Fischweiher
69226 Nußloch
Tel.: 06224/75423

Bunte Holländische Ziege
Wilfried Röck, Dillenberg Str. 9,
90579 Langenzenn
Tel.: 09101/8546

Burenziege
Ralf Huber, Hauptstr. 12,
67482 Altdorf
Tel.: 06327/969229

Kaschmirziege
Reiner Stürz, Schloßstr. 13,
64372 Ober-Ramstadt
Tel.: 06154/52977

Ovambo Ziege
A. Weigand, Altselingsbach,
91459 Markt Erlbach
Tel.: 09107/1600

Pfauenziege
W. Heinz, Wolfskaulstr. 56 A,
66292 Riegelsberg
Tel.: 06806/45615

Pinzgauer Ziege
Verein Tiergarten, Tiergartenstr. 74,
47533 Kleve
Tel.: 02821/26785

Poitevine Ziege
Herbert Steimer, Waldstr. 13
66557 Illingen
Tel.: 06825/940944

Rove
Karl Paque, Weinstr. 31
76829 Ranschbach
Tel.: 06345/919406

Saanenziege
Rosi John, Heusweiler Str. 14
66571 Wiesbach
Tel.: 06806/85298

Tauernschecke
Verein Tiergarten, Tiergartenstr. 74
47533 Kleve
Tel.: 02821/26785

Thüringerwald Ziege
W. Enzenberg, Hauptstr.52,
99762 Neustadt-Osterode
Tel.: 03633/31496

Toggenburger Ziege
Günter Schmitt, Hohlstr. 26
66909 Herschweiler-Pettersh.
Tel.: 06384/6365

Walliser Schwarzhalsziege
C. Schwartz, Hasensprung 12,
76829 Leinsweiler,
Tel.: 06345/919783

Weiße Deutsche Edelziege
Inge Mössner, Kirchstr. 32
75045 Wössingen
Tel.: 07203/5214

Westafrikanische Zwergziege
R. Bader, Am Silberbuck,
90616 Neuhof a.d. Zenn
Tel.: 09107/1008

Zubehör, Geräte

Elektrozäune und -geräte

Allié Agrartechnik
63897 Miltenberg
Tel.: 09371/97290
Dyke GmbH, Tier und Technik
64753 Brombachtal
Tel.: 06063/5394
horizont argrartechnik gmbh
Pf.1329, 34497 Korbach
Tel.: 05631/585-0
Huck GmbH, Sächs. Netzwerke
01809 Heidenau
Tel.: 03529/5607-0
Kluitmann Elektrozauntechnik
47533 Kleve
Tel.: 02821/93948
Otto Macke
37520 Osterode am Harz
Tel.: 05522/5615

Faserverarbeitung

Albert Grammes
24 route de Mattstall
F-67510 Lembach (Frankreich)

Gerbereien

Heitmann-Felle
29640 Schneverdingen
Tel.: 05193/3077
Theo Jüngst
57250 Netphen (Eschenbach)
Tel.: 02738/4733
Gerberei Trautwein
77761 Schiltach
Tel.: 07836/93830
Friedrich Sturm GmbH, Ank.Häute
25364 Osterhorn
Tel.: 04127/9798-0
August Weiblen
72336 Balingen
Tel.: 07433/36019

Heilkräuter-Futtermittel

Gebr. Schaette KG, Stahlstr. 5,
8839 Bad Waldsee
Tel.: 07524/4015-0

Lab und Kulturen

Biokosma GmbH, 78465 Konstanz,
Tel.: 07533/9301-40
Bionic GmbH, 25899 Niebüll,
Tel.: 04661/960220
R. Polatzek (auch Käsereibedarf),
97857 Urspringen,
Tel.: 09396/9097900
Staatl. Milchwirtschaftl. Lehr- u. Forschungsanst., 88239 Wangen,
Tel.: 07522/71-0

Milchaustauscher (Lämmermilch)

Bergophor, Futtermittelfabrik
95326 Kulmbach
Tel.: 09221/806-0
OMIRA, Milchverwertungs GmbH
88214 Ravensburg
Tel.: 0751/887-0
SALVANA Tiernahrung GmbH
2536 Elmshorn
Tel.: 04121/804-0

Schwarzwaldmilch GmbH
77652 Offenburg
Tel.: 0781/808-0

Milchzentrifugen (für den Haushalt)

HÄKA Apparatebau
76297 Stutensee
Tel.: 07249/8501

Stalleinrichtungen

Köhler
37688 Beverungen
Herstelle,
Tel.: 05273/7352
Günter Plötner
07629 Hermsdorf/Thür.
Tel.: 036601/82786
Josef Koller, Schreinerei
86701 Ballersdorf b.Neuburg
Tel.: 08431/1863

Glossar

Aalstrich: dunkler, abgesetzter Fellstrich auf der Rückenmitte
Gekordelte Hörner: gedrehte Hörner
Giftiger Zahn: Schäferbegriff für die tödliche Wirkung des Verbisses
Glöckchen: zwei behaarte Zotteln am hinteren Unterkiefer (siehe Abb. Seite 75 oben)
Grummet, Öhmd: zweiter Schnitt
Güst: nicht milchgebend, trocken
Heuwerbung: gebräuchlicher Ausdruck für Heugewinnung
Mantel: lange Haare über dem Rücken, die zu beiden Seiten herabhängen
Pigmentflecken: in der Haut vorkommende Farbflecken
Rahmen: Umfassung des Körperbaus
Ramsnase, ramsnasig: gewölbter Nasenrücken
Stiefel: unterer Beinabschnitt der Tiere

Weiterführende Literatur

Deutsche Schafzucht, Schwerpunktausgaben Ziegen. Verlag Eugen Ulmer, Stuttgart (jährlich 6 Hefte)
Gall, Christian: Ziegenzucht. Verlag Eugen Ulmer, Stuttgart 1981
Kühnemann, Helmut: Wir halten Nutztiere. Verlag Eugen Ulmer, Stuttgart 1988
Löhle, Klaus/Leucht, Wolfgang: Ziegen und Schafe. (Kennen und Pflegen) Verlag Eugen Ulmer, Stuttgart 1997
Sambraus, Hans Hinrich: Atlas der Nutztierrassen. Verlag Eugen Ulmer, 5., erw. Aufl. Stuttgart 1996
Sambraus, Hans Hinrich: Gefährdete Nutztierrassen. Verlag Eugen Ulmer, 2. Aufl. Stuttgart 1998
Scholz, Wolfgang: Käse aus Schaf- und Ziegenmilch. Verlag Eugen Ulmer, Stuttgart 1995
Spielberger, U. / Schaette, R.: Biologische Stallapotheke. Verlag Freies Geistesleben, Stuttgart
Späth, Hans /Thume, Otto: Ziegen halten. Verlag Eugen Ulmer, 4. Aufl., Stuttgart 1997

Bildquellen

Fotos

agrar-press, Dr. Wolfgang Schiffer, Bergisch-Gladbach: Seite 13, 54.
Ines Brandau, Ferme La Pêtre, F – Gaudies: Seite 81.
Peter Hensch, Rheinbach-Flerzheim: Seite 56, 95.
Juniors Bildarchiv, Senden: Seite 6.
Reinhard-Tierfoto, Heiligkreuzsteinach-Eiterbach: Seite 1, 5, 11, 45, 63, 64, 68, 69, 77.
Jürgen Sprenzel, Stuttgart: Seite 8.
Fridhelm Volk, Stuttgart: Freisteller Seite 89 und 90.
Alle übrigen Fotos vom Autor.

Zeichnungen:
Alle Zeichnungen vom Autor.

Register

* verweisen auf Abbildungen

Titelfoto: JUNIOR/Juniors Titelbildarchiv

Bibliografische Information der Deutschen Nationalbibliothek
Die Deutsche Nationalbibliothek verzeichnet diese Publikation in der Deutschen Nationalbibliografie; detaillierte bibliografische Daten sind im Internet über http://dnb.d-nb.de abrufbar.

Wollgrasweg 41, 70599 Stuttgart (Hohenheim)
E-Mail: info@ulmer.de
Internet: www.ulmer.de
Lektorat: Ute Rather, Carola Hils, Dr. Eva-Maria Götz
Herstellung: Jürgen Sprenzel
Umschlagentwurf: Atelier Reichert, Stuttgart
Druck und Bindung: Firmengruppe APPL, aprinta Druck, Wemding
Printed in Germany

ISBN 978-3-8001-5473-9